粥谱

〔清〕曹庭栋 黄云鹄 原著

南南 译注

北京日报出版社

图书在版编目(CIP)数据

粥谱 / (清) 曹庭栋, (清) 黄云鹄著 ; 南南注释
. -- 北京 : 北京日报出版社, 2019.12
(寻食记系列)
ISBN 978-7-5477-3551-0

Ⅰ. ①粥… Ⅱ. ①曹… ②黄… ③南… Ⅲ. ①粥-食谱-中国-清代 Ⅳ. ①TS972.137

中国版本图书馆 CIP 数据核字(2019)第 250047 号

粥谱

出版发行: 北京日报出版社
地　址: 北京市东城区东单三条 8-16 号东方广场东配楼四层
邮　编: 100005
电　话: 发行部:(010)65255876
　　　　总编室:(010)65252135
印　刷: 天津盛辉印刷有限公司
经　销: 各地新华书店
版　次: 2019 年 12 月第 1 版
　　　　2019 年 12 月第 1 次印刷
开　本: 889 毫米 × 1194 毫米　1/32
印　张: 9.5
字　数: 250 千字
定　价: 68.00 元

目录

粥谱

粥品二 蔬类

粥品三 蔬食类 糯类 蓏类

＊＊＊＊＊＊＊

粥品四　木果类

＊＊＊＊＊＊＊

粥品五　植药类

＊＊＊＊＊＊＊

粥品六　卉药类

* * * * * * *

粥品七　卉药类

* * * * * * *

粥品八　动物类

老老恒言·粥谱①

①本部分选自曹庭栋所著《老老恒言》（又名《养生随笔》）第五卷，篇名为译注者所加。

粥谱说

粥能益人，老年尤宜。前卷屡及之[①]，皆不过略举其概，未获明析其方。考之轩岐家[②]与养生家书，煮粥之方甚夥[③]。惟是方不一例，本有轻清重浊[④]之殊。载于书者，未免散见而杂出。窃意[⑤]粥乃日用常供，借诸方以为调养，专取适口。或偶资治疾，入口违宜[⑥]，似又未可尽废。不经汇录而分别之，查检既嫌少便，亦老年调治之阙[⑦]书也，爰撰为谱[⑧]。

先择米，次择水，次火候，次食候。不论调养、治疾功力深浅之不同，第取气味轻清、香美适口者为上品，少逊者为中品，重浊者为下品。准以成数[⑨]，共录百种，削其入口违宜之已甚者而已。

方本前人，乃已试之良法，注明出自何书，以为征信[⑩]。更详兼治，方有定而治无定，治法亦可变通。

内有窃据鄙意参入数方，则惟务有益而兼适于口，聊备老年之调治。若夫推而广之，凡食品、药品中，堪加入继者尚多，酌宜而用，胡不可自我作古[⑪]耶！更有待夫后之明此理者。

【注释】

①前卷屡及之：前面四卷多次提到粥。本部分是第五卷，故原作者有此言。

②轩岐家：医药家。轩，轩辕，即黄帝；岐，岐伯，黄帝的手下。相传黄帝常与岐伯等手下人探讨医学问题，内容多载于《黄帝内经》（又称《内经》）。后世出于对黄帝、岐伯的尊崇，就用岐黄之术指代中医术。

③夥（huǒ）：多。

④轻清重浊：轻快清澈，沉重浑浊。

⑤窃意：我认为。窃，自己，谦辞。

⑥违宜：不舒服。违，违背。

⑦阙：同『缺』

⑧爰撰为谱：于是撰写成粥谱。爰，于是。谱，粥谱。

⑨准以成数：依据（这个标准）形成整数。

⑩征信：验证，证明。《左传·昭公八年》：『君子之言，信而有征，故

怨远于其身。』信，诚实、确实。征，证据。

⑪自我作古：由自己创造，不沿袭前人或旧例。

【今译】

粥能给人带来好处，尤其适宜老年人。前面的四卷多次提到粥，都只是简单地列举它的概要，没能够清楚地分析食方。研究医药家与养生家的书籍，发现煮粥的食方很多。只是这些食方没有统一的体例，原本还有轻快清澈、沉重浑浊的区别。记载在书籍上的，未免零散、混杂。

我认为粥是日常所用的食物，依靠各种食方用于调养身体，会专门挑选适合口味的。或者偶尔用于治疗疾病，入口不舒服，似乎又不能完全抛弃。没有经过汇总记录并区分辨别，既不利于翻检查阅，又造成老年人调养身体、治疗疾病缺少书籍。于是，我撰写了粥谱。

第一选择米，第二选择水，第三注意火候，第四注意进食时机。不以这些食方调养身体、治疗疾病功效大小为依据，而是按顺序将气味轻清香美、适合口味的列为上品，稍微逊色的列为中品，沉重浑浊的列为下品。按照这个标准形成整数，一共收录一百种，只是删去了入口非常不舒服的而已。

这些食方原本是前人所撰，是我亲自试验后得到的好方法，还注明它们出自什么书，作为证明。我进一步详细记载了兼治疾病的情况，食方有定论而治疗无定论，治疗的办法也能变通。

这些食方中虽然有我根据自己的看法而增加的数条，却只求有用，而且同时兼顾口味，可以作为老年人调养身体、治疗疾病之用。如果推而广之，凡是食品、药品，能加入粥的仍然多，斟酌而用，有什么不能由自己创造、不能沿袭前人或旧例的呢！我期待未来有更多明白这个道理的人。

择米第一

米用粳[1]，以香稻[2]为最；晚稻[3]性软，亦可取；早稻次之。

陈廪米[4]则欠腻滑矣。秋谷[5]新凿[6]者，香气足；脱壳久，渐有故气。须以谷悬通风处，随时凿用。或用炒白米，或用焦锅笆[7]，腻滑不足。香燥之气[8]，能去湿开胃。《本草纲目》云：『粳米、籼米、粟米、粱米[9]粥，利小便，止烦渴，养脾胃；糯米、黍米、秫米[10]粥，益气，治虚寒泄痢吐逆[11]。』至若所载各方，有米以为之主，峻厉者[12]可缓其力，和平者能倍其功。此粥之所以妙而神与！

【注释】

①粳：即粳米，古时主要粮食之一。它是非糯性稻米，粒短而宽。

②香稻：此处指有香味的粳米。

③晚稻：南方地区的水稻通常根据播种期、生长期和成熟期的差异，分为早稻、中稻、晚稻。就长江中下游地区而言，早稻一般在三月底、四月初播种，七月中下旬收获，生长期为九十至一百二十天；中稻一般在四月初至五月底播种，九月中下旬收获，生长期为一百二十至一百五十天；晚稻一般在六月中下旬播种，十月上中旬收获，生长期为为一百五十至一百七十天。这个时间因为地区不同而有差异。

④陈廪米：又称陈仓米，指长期存放的米。廪米，古时官府发放的粮食。

⑤谷：此处指带壳的稻。

⑥凿：古时舂米，需要将带壳的稻放在对窝(石臼)中，然后手持木杵，不停地捣石臼，才能将稻壳去除，因此称为凿。

⑦焦锅笆：煮饭时紧贴着锅、结焦成块状的一层饭粒。它还是一味中药，常用于健脾消食等，又称锅焦。笆，同『巴』。

⑧香燥之气：芳香、燥湿之气。香燥，气均为中医用语。前者可祛湿散寒，但易伤津而干燥上火；后者指推动和调控脏腑生理活动的动力，对人体至关重要。

⑨籼(xiān)米、粟米、粱米：均为古时主要粮食，非糯性。籼米是非糯性稻米，粒长而细。粟米，即小米，又称稷米。粱米，粟中优良

品种的种仁，有黄粱米与白粱米之分。

⑩糯米、黍米、秫（shú）米：均为古时的主要粮食，糯性。糯米是糯稻脱壳的米，又称江米，色粉白、不透明，粘性强。黍米分两种，粘者为黍，不粘者为稷，色有白、黄、红。秫米即粟米，又称小米。

⑪泄痢吐逆：腹泻、呕吐而气逆。

⑫峻厉者：指药力大的药。峻厉，严厉。

【今译】

煮粥的米使用粳米，以香稻米为最佳；晚稻米的性质比较柔软，也能使用；早稻米次之。与这三者比较，陈仓米则欠缺细腻、光滑。秋天收割的新稻米，香气充足；但是脱壳时间长了，渐渐地有陈旧的味道。因此必须将稻谷悬挂在通风的地方，随用随舂。有的用炒白米，有的用焦锅巴，细腻、光滑不够。

芳香、燥湿之气能祛湿开胃。《本草纲目》说：『粳米、籼米、粟米、粱米粥，有利于排尿，消除烦躁干渴，保养脾和胃；糯米、黍米、秫米粥，有益于身体之气，治疗虚寒症、腹泻、呕吐而气逆。』至于我所记载的各种粥的食方，用米作为主要的食材，对于药力大的药，可迁缓它的药力，对于药力平和的药，能加倍发挥它的功效。这就是粥之所以巧妙而神奇的原因！

择水第二

水类不一，取煮失宜，能使粥味俱变。初春值雨，此水乃春阳[①]生发之气，最为有益；梅雨湿热熏蒸[②]，人感其气则病，物感其气则霉，不可用之明验也；夏秋淫雨为潦[③]，水郁深[④]而发骤。昌黎诗：『洪潦无根源，朝灌夕已除。』[⑤]或谓利热不助湿气，窃恐未然。腊雪水[⑥]甘寒解毒，疗时疫；春雪水生虫易败，不堪用。

此外，长流水四时俱宜，山泉随地异性，池沼止水[⑦]有毒。井水清冽，平旦第一汲为井华水，天一真气[⑧]浮于水面也。以之煮粥，不假他物，其色天然微绿，味添香美，亦颇异凡。缸贮水，以硃砂[⑨]块沉缸底，能解百毒，并令人寿。

【注释】

①春阳：阳是古代哲学概念之一，与阴相对，两者是决定各种事物孕育、发展、成熟、衰退、消亡的原动力，亦为中医所用。古人认为，春夏为阳，秋冬为阴。

②湿热熏蒸：中医术语，指湿热蕴结体内而影响脏腑经络。湿热，潮湿、炎热。中医认为，湿热是致病因素之一。

③潦（lǎo）：积水。

④郁深：非常多。

⑤此句出自韩愈诗《符读书城南》，似是不同版本，通行的版本为：『潢潦无根源，朝满夕已除』。昌黎，指唐朝著名文学家韩愈。韩愈祖籍昌黎（今河北昌黎），世称韩昌黎。

⑥腊雪水：腊月所下之雪融化的水。

⑦止水：不流动的水。

⑧天一真气：指元气。天一，与上天合二为一。《庄子·大宗师》：『安排而去化，乃入於寥天一。』郭象注云：『安于推移而与化俱去，故乃入于寂寥而与天为一也。』道教认为，元气是生命活动的原动力。中医理论认为，真气是维持人体生命活动的最基本物质，人的生命完全依靠它。

⑨硃砂：即朱砂，又称丹砂、赤丹，是硫化汞矿物。古人既用它炼丹，也把它当作中药材，用于镇静、安神、杀菌等。

【今译】

水的种类不一，用不恰当的水煮粥，能使粥的味道完全改变。初春下雨，这种雨水是春阳滋生之气，最有益；梅雨时节的湿热影响脏腑经络，人们遭受湿热之气的侵袭就会生病，物体遭受湿热之气的侵袭就会发霉，不能用这种水已有明证；夏秋的雨持续不停，会积聚起来，水非常多，而且消失得突然。韩愈的诗句说：『雨后的大水没有源头，早晨灌满，晚上已经干涸。』有的人认为这能使炎热通利、不会助长湿气，我认为恐怕不对。腊月所下之雪融化的水味甘性寒，解除病毒，治疗流行一时的传染病；春天所下之雪融化的水生虫，容易变质，不能使用。

此外，一直流动的水四季都适宜，山中的泉水随着地点的变化而改变性质，池塘里不流动的水有毒害作用。井水清凉，早晨第一次汲取叫井华水，元气浮在水面上。用它煮粥，不借用其他食材，粥的颜色自然形成微绿，味道增加香美，也很不同寻常。缸储存水，将朱砂块放进缸底，能解除多种病毒，并能使人增寿。

火候第二

煮粥以成糜[1]为度。火候未到，气味不足；火候太过，气味遂减。

火以桑柴[2]为妙。《抱朴子》[3]曰：『一切药，不得桑煎不服。桑乃箕星之精[4]，能除风助药力。』栎炭[5]火性紧，粥须煮不停沸，则紧火亦得。

煮时先煮水，以杓[6]扬之数十次，候沸数十次，然后下米。使水性动荡，则输运捷。

煮必瓷罐，勿用铜锡。有以瓷瓶入灶内，砻糠[7]稻草煨之，火候必致失度，无取。

【注释】

①糜：烂。东汉刘熙所著《释名·释饮食》：『糜，煮米使糜烂也。』

②桑柴：桑树的枝。

③《抱朴子》：道教的典籍，为东晋葛洪所著。

④桑乃箕星之精：桑树是箕星的精神。箕星，二十八星宿之一，属水，能致风。所以其神被称为风神，名箕伯。东汉蔡邕所撰《独断》云：『风伯神，箕星也。其象在天，能兴风。』明朝卢子颐所撰《本草乘雅半偈》云：『典术云：箕星之精，散而为桑。箕，水星也。龟神在坎，故桑以龟为食。』故古人认为，桑树主风，为风药。

⑤栎炭：栎树制成的木炭。栎树木质坚硬、强韧，由其制成的炭，燃烧充分、热量大。

⑥杓（sháo）：同『勺』。

⑦砻（lóng）糠：用砻磨稻谷脱下的壳。砻，去稻壳的工具，形状像磨，多用木料制成。

【今译】

煮粥以煮烂为限度。火候没到，粥的味道不足；火候太过，粥的味道就削减。烧火以桑树的枝为好。《抱朴子》说：『所有的药，如果不能用桑树的枝煎熬，就不要服用。桑树是箕星的精神，能祛风湿、增加药力。』栎炭的火力大而猛。粥必须煮得不停地沸腾，所以大而猛的火也可以。

煮粥时先煮水，用勺子翻动数十次，等沸腾数十次，然后下米。使水本身动荡，对米的运送就快捷。

煮粥必须用瓷罐，不要用铜罐、锡罐。有人将瓷瓶放进灶内，用糠和稻草慢慢煮，火候一定会出现失度，不能采用这种办法。

食候第四

老年有竟日[①]食粥，不计顿，饥即食，亦能体强健、享大寿。此又在常格[②]外。

就调养而论，粥宜空心[③]食，或作晚餐亦可，但勿再食他物，加于食粥后。

食勿过饱，虽无虑停滞[④]，少[⑤]觉胀，胃即受伤。

食宁过热，即致微汗，亦足通利血脉。

食时勿以他物侑食[⑥]，恐不能专收其益，不获已。但使咸味沾唇，少解其淡可也。

【注释】

①竟日：从早到晚，整天。

②常格：常规，一般的情况。

③空心：空腹。

④停滞：此处指难以消化。

⑤少：同『稍』，稍微。

⑥侑食：劝食，助食。《周礼·天官·膳夫》：『以乐侑食，膳夫受祭，品尝食，王乃食。』

【今译】

老年人有的整天喝粥，不计算顿数，饿了就喝，也能实现身体强健、活得长久。这又在常规之外。就调养身体而论，粥适宜空腹喝，或者作为晚餐也可以，但是不要在喝粥之后，再食用其他的东西。

喝粥不能过饱，虽然不用担心难以消化，但是只要稍微觉得腹胀，胃就受到损伤。

喝粥宁可过热，能立即达到微微出汗，也足以使血脉畅通。

喝粥时不要用其他东西助食，因为这样做恐怕不能达到专门吸收粥的益处，没有收获。只要使咸味沾到嘴唇，稍稍地缓解粥寡淡的味道就行。

上品三十五

莲肉[1]粥

《圣惠方》[2]：补中强志[3]。

按[4]：兼养神、益脾、固精[5]，除百疾。去皮心，用鲜者煮粥更佳。干者如经火焙，肉即僵，煮不能烂。或磨粉加入。湘莲[6]胜建莲[7]，皮薄而肉实。

【注释】

①莲肉：莲子的肉。

②《圣惠方》：《太平圣惠方》的简称，100 卷，由北宋时期王怀隐、王祐等奉敕，历时 14 年编成。此书汇录名方一万六千余首，被誉为『经方之渊薮』。

③补中强志：补脾胃之气、增强精气神。中，即中气，指脾胃之气。志，认识。中医理论认为，五脏均有志，心志为喜、肝志为怒、脾志为思、肺志为忧、肾志为恐。

④按：按语，作者或编者对文章、词语、句段所作的说明、评论或提示。

⑤固精：强固精气。精，指五脏六腑的精气。

⑥湘莲：湖南湘潭所产的莲子。

⑦建莲：福建建宁所产的莲子。它与湘莲、宣莲（浙江宣平所产莲子，宣平莲子的产地现主要属浙江武义）并称为中国三大莲子。

【今译】

《圣惠方》说：莲肉补益脾胃之气、增强精气神。

按语：莲肉兼养神、益脾、强固精气，祛除百种疾病。除掉莲子的皮和心，用新鲜的煮粥更好。干莲子如果经过火焙，肉就会僵硬，煮也不会烂。有的人将莲子磨成粉，加进米里煮。湘莲比建莲好，皮薄、肉厚实。

藕粥

慈山参入①。

治热渴②，止泄，开胃消食，散留血③，久服令人心欢。

磨粉调食，味极淡；切片煮粥，甘而且香。凡物制法异，能移其气味，类如此④。

【注释】

①慈山参入：（这个粥方由）曹庭栋加入。慈山，即曹庭栋，号慈山居士。

②热渴：内热或实热导致的烦渴。

③留血：留积的死血。

④如此：指将藕磨粉、切片而形成不同的味道。

【今译】

这个粥方由曹庭栋加入。

藕治疗因热导致的烦渴，制止漏泄，开胃消食，散去留积的死血，长时间食用可让人心情欢愉。

将藕磨成粉调节饮食，味道非常淡；将藕切成片煮粥，味道甜而且香。凡是食物制作方法不同，能够改变它的味道，就像藕磨粉、切片形成不同的味道。

荷鼻粥

慈山参入。

荷鼻即叶蒂[1]，生发元气，助脾胃，止渴、止痢、固精。连茎叶用亦可。色青形仰[2]，其中空，得震卦之象[3]。《珍珠囊》[4]：煎汤、烧饭、和药，治脾。以之煮粥，香清佳绝。

【注释】

①荷鼻即叶蒂：指荷叶的叶柄与叶相连之处。

②形仰：形状向上。

③震卦之象：震卦的表现。震卦，《易经》六十四卦之一。其卦形为，像仰盂，且中空，荷鼻与其相似。另外，震为雷，两震相叠，反响巨大，可消除沉闷之气，亨通畅达，与荷鼻粥功效相似。故原作者名之『震卦之象』。象，《易经》用语。《易经·系词下》：『是故《易》者，象也；象也者，像也。』

④《珍珠囊》：系金朝医家张元素编撰的药书，收录一百味中药。原著佚失，内容散见于《本草纲目》等书。

【今译】

这个粥方由曹庭栋加入。

荷鼻就是荷叶的蒂，能滋生元气，有助于脾胃，制止烦渴、制止痢疾、强固精气。将它连着茎和叶使用也可以。它的颜色绿、形状向上，中间空，形成震卦的表现。《珍珠囊》说：用它煎汤、烧饭、和药，能治疗脾。用它煮粥，香气清新好到极点。

芡实①粥

《汤液本草》②：『益精强志，聪耳明目。』

按：兼治湿痹③，腰脊、膝痛，小便不禁，遗精白浊④。有粳、糯二种，性同，入粥俱须烂煮，鲜者佳。扬雄⑤《方言》⑥曰：『南楚⑦谓之鸡头⑧。』

【注释】

①芡（qiàn）实：又名鸡头米、鸡头莲、鸡头荷，系芡的干燥成熟种仁，含碳水化合物、蛋白质、钙、磷、铁、核黄素、抗坏血酸、树脂等营养成分。其味甘、涩，性平，可入药。芡，睡莲科，一年生大型水生草本植物。

②《汤液本草》：元代医家王好古所撰药书，记载二百四十二种药物。王好古曾跟随张元素学医。

③湿痹（bì）：中医病证名，又称着痹，一种由湿气引发的肌肉、筋骨、关节疼痛、麻木、屈伸不利、肿大灼热等的痹病。湿痹引起的疼痛有固定的部位。

④白浊：中医病证名，又称尿精、滴白，指排尿时或排尿后从尿道口滴出白色浊物。

⑤扬雄（前五三—一八），字子云，成都（今四川成都）人，西汉著名的辞赋家，道家思想的继承和发展者。

⑥《方言》：扬雄所撰语言学著作，全称《𬨎（yóu）轩使者绝代语释别国方言》，是中国第一部汉语方言比较词汇集，也是中国乃至世界的方言学史上的经典著作。

⑦南楚（九〇七—九五一）：五代十国时期南方十国之一，疆域包括湖南全境、广西大部、贵州东部、广东北部，史称马楚。

⑧鸡头：即芡实，因其形似鸡头而得名。

【今译】

《汤液本草》说：『芡实能增强精气神，使听觉灵敏、视力好。』

按语：芡实兼治湿痹，腰椎骨、膝盖的疼痛，以及小便难以控制，遗精、白浊证。芡实有粳、糯两种，性质相同，用两者煮粥都必须煮烂，新鲜的芡实好。扬雄所撰的《方言》说：『南楚人称芡实为鸡头。』

薏苡[1]粥

《广济方》[2]：『治久风湿痹[3]。』又《三福丹书》[4]：『补脾益胃。』

按：兼治筋急拘挛[5]，理脚气，消水肿。张师正[6]《倦游录》[7]云：『辛稼轩[8]患疝[9]，用薏珠[10]、东壁土[11]炒服，即愈。』乃上品养心药。

【注释】

①薏（yì）苡（yǐ）：指薏苡仁，又称薏米，是薏苡的种仁，含碳水化合物、维生素、膳食纤维、矿物质等，营养价值高，被誉为『世界禾本科植物之王』。其味甘、淡，性凉，可入药。

②《广济方》：中医药方古籍，成书于唐开元（七一三—七四一）年间。据史书记载，《广济方》系唐玄宗所撰。

③风湿痹：中医病证名，风痹与湿痹。风痹，又称行痹，由风寒引起的痹病。风痹疼痛的部位游走不定，与风痹有异。

④《三福丹书》：明代医家龚居中所撰养生书。《三福丹书》又名《万寿丹书》《五福万寿丹书》（今称《福寿丹书》）。

⑤筋急拘挛（luán）：中医病证名。筋急，指筋脉不柔、屈伸不利。拘挛，指肌肉收缩、难以伸展自如。

⑥张师正（一〇一六—？）：名思政，襄国（今河北邢台）人，北宋官员、文学家。

⑦《倦游录》：张师正所撰笔记小说，又名《倦游杂录》。

⑧辛稼轩：即辛弃疾（一一四〇—一二〇七），字幼安，号稼轩，历城（今山东济南历城区）人，南宋著名豪放派词人。

⑨疝（shàn）：又称疝气，指人体组织或器官的一部分，离开原来的部位进入另一部位。

⑩薏珠：即薏米。

⑪东壁土：中药名，指土城墙或民间土墙建筑东边墙上的泥土。据古医书记载，东壁土味干、性温，常用于排毒解毒、消炎杀菌、镇静舒缓等。

【今译】

《广济方》说：『薏苡治疗长期的风痹、湿痹。』另外《三福丹书》说：『薏苡补脾益胃。』

按语：薏苡兼治筋脉不柔、肌肉收缩，调理脚气，消除水肿。张师正所撰《倦游录》说：『辛弃疾患疝气，用薏米、东壁土一起炒，然后服食，很快就好了。』可见薏苡粥是上品的养心药。

扁豆[1]粥

《延年秘旨》[2]：『和中补五藏[3]。』

按：兼消暑、除湿、解毒。久服发不白。荚[4]有青、紫二色，皮有黑、白、赤、斑四色。白者温，黑者冷，赤斑者平。入粥去皮。用干者佳，鲜者味少淡。

【注释】

①扁豆：此处豆科植物扁豆的种子。它营养丰富，含维生素、蛋白质、脂肪、糖、磷脂等，既是常见的蔬菜，又是中药材。

②《延年秘旨》：古代养生书籍，现失传，作者及成书年代不详。

③五藏：中医名词，即五脏，指肝、心、脾、肺、肾。

④荚：指扁豆的果实，即通常所说的扁豆。

【今译】

《延年秘旨》说：『扁豆调和脾胃之气、补养五脏。』

按语：扁豆兼消暑、除湿、解毒。长期服食，头发不白。扁豆的果实有青、紫两种颜色，扁豆的皮有黑、白、红、斑四种颜色。白色扁豆的性质温和，黑色扁豆的性质寒冷，红色和斑色扁豆的性质平和。用扁豆煮粥要去皮。用干扁豆煮粥好，新鲜扁豆的味道稍淡。

姜[1]粥

《本草纲目》[2]：『温中，辟恶气。』又《手集方》[3]：『捣汁煮粥，治反胃。』

按：兼散风寒，通神明[4]，取效甚多。《朱子语录》[5]有『秋姜夭人天年』[6]之语。治疾勿泥[7]。《春秋运斗枢》[8]曰：『璇星散而为姜[9]。』

【注释】

①姜：姜属植物的根茎，此处指生姜。生姜既是菜肴，又是调味料，含姜油酮、姜酚、蛋白质、糖、维生素、微量元素等。其味辛，性温，常用于祛寒暖胃、温中解毒等。作为姜属植物，姜还是一种有价值的经济作物，叶、茎、根茎都可提取芳香油，用于食品、饮料、化妆品等。

②《本草纲目》：明代杰出医学家李时珍（一五一八—一五九三）所撰中药学典籍，所录病证一百一十三种、药物一万八千余种、附方一万余则，是我国十六世纪前中药学集之作。因为流传广泛，《本草纲目》的版本有七十余种。

③《手集方》：即《兵部手集方》，为唐朝官员李绛（七六四—八三〇）所编的药方集。此书因李绛曾任兵部尚书而得名，已佚失，但其后历代的医药典籍多有引用。

④神明：中医名词，指心主管精神活动的功能。

⑤《朱子语录》：儒学集大成者、南宋理学家朱熹讲学笔记的辑录，又称《池录》，系南宋官员李道传所编。

⑥秋姜夭人天年：秋天的姜能让短命的人活到天年。夭人，短命的人。天年，自然的寿命，古代医家认为它在一百岁到一百二十岁之间。

⑦泥：拘泥。

⑧《春秋运斗枢》：汉代谶纬类典籍，作者不详。

⑨璇星散而为姜：《太平御览》卷九七七引《春秋运斗枢》曰：『璇星散为姜。失德逆时，即姜有翼，辛而不臭也。』又，卷九六六引《春秋运斗枢》曰：『琁星散为橘。』璇星，星名，又称璿星、琁星。

【今译】

《本草纲目》说：『生姜温和脾胃之气，祛除损害身体之气。』另外《手集方》说：『把生姜捣成汁液煮粥，治疗反胃。』

按语：生姜还能祛散风寒、使神明通畅，收效很多。《朱子语录》中有『秋天的姜能让短命的人活到天年』这样的话。用姜治疗疾病不要拘泥于形式。《春秋运斗枢》说：『璇星散开后成为姜。』

香稻叶[1]粥

慈山参入。

按：各方书[2]俱烧灰淋汁[3]用。惟《摘元妙方》[4]：糯稻叶煎，露[5]一宿，治白浊。《纲目》[6]谓气味[7]辛热，恐未然。以之煮粥，味薄而香清；薄能利水[8]，香能开胃。

【注释】

①香稻叶：香稻的叶子，可入药。

②方书：记载或论述药方的著作。

③烧灰淋汁：中药的炮制方式之一，指将植物干燥后烧成灰，放在容器中，用水浇淋、过滤后得到的汁液。

④《摘元妙方》：即《摘元方》，古代药方典籍，内容散见于其它古代医书。

⑤露：中药的炮制方式之一，指将药物露置在户外。

⑥《纲目》：即《本草纲目》。

⑦气味：此处是中医术语，即四气五味。四气，指寒、热、温、凉四种性质，又称四性。五味，指酸、苦、甘、辛、咸五种味道。

⑧利水：中医术语，通利水道，包括利尿、泄湿。

【今译】

这个粥方由曹庭栋加入。

按语：各种药方的著作对于香稻叶都记录为使用烧灰淋汁方式。只有《摘元妙方》说：『煮糯稻的叶子，在户外放置一夜，治疗白浊证。』《纲目》称香稻的叶子气味辛热，应该不对。用香稻的叶子煮粥，味道淡而香气清新；味道淡能通利水道，香气能开胃。

丝瓜叶①粥

慈山参入。

丝瓜性清寒②，除热利肠，凉血③解毒。叶性相类。瓜长而细，名『马鞭瓜』，其叶不堪用；瓜短而肥，名『丁香瓜』，其叶煮粥香美。拭去毛，或姜汁洗。

【注释】

①丝瓜叶：丝瓜的叶子，含膳食纤维、维生素、矿物质等，既可作蔬菜，又可作中药材。

②清寒：中医名词，指寒凉，无湿、热、风等犯逆的成分。

③凉血：中医名词，指使血运行过速（即血热，表现为出血、上火等）恢复正常。

【今译】

这个粥方由曹庭栋加入。

丝瓜的性质寒凉，可以除热、通利肠道，使血恢复正常运行，解除毒性。丝瓜叶子的性质与丝瓜相类似。瓜长而细的丝瓜，名叫『马鞭瓜』，它的叶子不能用；瓜短而肥的丝瓜，名叫『丁香瓜』，用它的叶子煮粥，味道香美。擦去丝瓜的毛，有的人用姜汁洗丝瓜。

桑芽[1]粥

《山居清供》[2]：『止渴明目。』

按：兼利五藏，通关节，治劳热[3]，止汗。《字说》[4]云：『桑为东方神木[5]。』煮粥用初生细芽、苞含未吐者，气香而味甘。《吴地志》[6]：『焙干代茶，生津[7]清肝火。』

【注释】

①桑芽：桑树的嫩芽，含氨基酸、多糖、纤维素、维生素、矿物质及多种活性成分，可作为蔬菜食用，干燥后可入药。

②《山居清供》：即《山家清供》，收录以山野所产的蔬菜、水果、动物为主要原料的食品烹制方法。作者林洪，福建人，南宋绍兴年间（一一三一—一一六二）进士，善诗文书画。

③劳热：中医病证名，指由气血亏损、阳衰阴虚所致的发热。

④《字说》：北宋王安石（一〇二一—一〇八六）编撰的说解文字的典籍，内容多有穿凿附会之处。原作已佚失，今人有辑本。

⑤桑为东方神木：桑树乃古代神话传说中日出之处，故有此说。《淮南子·天文扶桑训》：『日出于肠谷，浴于咸池，拂于扶桑，是谓晨明。』

⑥《吴地志》：即《吴地记》，古代地方志书，由唐朝学者陆广微编撰，内容多为记载古国吴地之事。

⑦津：津液，中医名词，指体内一切正常水液的总称。

【今译】

《山居清供》说：『桑芽制止烦渴、明目。』

按语：桑芽还有利于五脏，通利关节，治疗劳热，制止出汗。《字说》说：『桑树是东方的神木。』煮粥用桑树初生的细嫩叶芽、叶苞没有绽开的，气香而且味甜。《吴地志》说：『将桑芽焙干，代替茶叶，滋生津液、清除肝火。』

胡桃①粥

《海上方》②：『治阳虚③腰痛，石淋④五痔⑤。

按：兼润肌肤，黑须发，利小便，止寒嗽⑥，温肺润肠。去皮研膏⑦，水搅滤汁，米熟后加入。多煮生油气。或加杜仲⑧、茴香⑨，治腰痛。

【注释】

①胡桃：即核桃，此处指核桃仁。其营养丰富，含蛋白质、脂肪、矿物质、维生素、不饱和脂肪酸等。

②《海上方》：即《海上集验方》，又名《崔元亮海上方》，系唐朝医家崔元亮所撰方书。另有托名孙思邈所撰《孙真人海上方》。

③阳虚：中医病证名，指身体阳气虚衰、阳热不足。

④石淋：中医病证名，又称砂淋、沙石淋，指小便涩痛，尿出砂石。

⑤五痔：中医病证名，指五种痔疮。唐朝医药学家孙思邈所撰《千金要方》卷二十三：『夫五痔者，一曰牡痔，二曰牝(pìn)痔，三曰脉痔，四曰肠痔，五曰血痔。

⑥寒嗽：中医病证名，因寒冷或风寒引起的咳嗽。

⑦膏：糊状物。

⑧杜仲：指植物杜仲的皮。杜仲的皮含蛋白质、氨基酸、矿物质等，是一种名贵的滋补药材，味甘、性温，常用于补益肝肾、强筋壮骨、调理冲任、固经安胎等。杜仲的叶子可制成茶叶，味微苦。

⑨茴香：即小茴香，此处指茴香菜的成熟种子。其含茴香油、维生素、胡萝卜素、纤维素、矿物质等，既是调味香料，又是中药材。

【今译】

《海上方》说：『胡桃治疗阳虚腰痛，石淋、五痔。』

按语：胡桃还滋润肌肤，使胡须、头发变黑，通利小便，制止寒嗽，温和肺、滋润肠道。将胡桃去皮、研磨成糊状，加水搅拌、过滤出汁液，在米煮熟后加进去。煮的时间长出现油。有的人加进去杜仲、小茴香，治疗腰痛。

杏仁[1]粥

《食医心镜》[2]：『治五痔下血[3]。』

按：兼治风热[4]咳嗽，润燥。出关西者[5]名『巴旦』，味甘尤美。去皮尖，水研滤汁煮粥，微加冰糖。《野人闲话》[6]云：『每日晨起，以七枚嚼，益老人。』

【注释】

①杏仁：杏的种子，分为甜杏仁（又称南杏仁）和苦杏仁（又称北杏仁），含蛋白质、脂肪、糖、膳食纤维、矿物质、苦杏仁苷等。甜杏仁可直接食用；苦杏仁味苦辛，性温，入药。

②《食医心镜》：又名《食医心鉴》，系唐朝医家昝殷所撰食疗方书，已佚失，今有辑本。

③下血：中医病证名，指便血。

④风热：中医病证名，指由风、热结合引起的疾病。

⑤出关西者：产于关西的杏仁。关西，函谷关（位于今河南灵宝）以西的地区，后指潼关（位于今陕西潼关）以西的地区。

⑥《野人闲话》：北宋官员景焕所撰杂事小说集，原书散佚。

【今译】

《食医心镜》说：『杏仁治疗五痔下血。』

按语：杏仁兼治风热引起的咳嗽，滋润燥气。产于关西的杏仁，味道尤其甜美。去除杏仁的皮、尖，用经水研磨、过滤出汁液煮粥，稍稍地加一些冰糖。《野人闲话》说：『每天早晨起床，拿七枚杏仁放进嘴中细细地咀嚼，对老人有好处。』

胡麻①粥

《锦囊秘录》②：『养肺，耐饥，耐渴。』

按：胡麻即芝麻，《广雅》③名『藤宏』。坚筋骨，明耳目，止心惊④，治百病。乌色者名『巨胜』，仙经⑤所重；栗色者香却过之。炒研，加水滤汁入粥。

【注释】

①胡麻：芝麻。芝麻含脂肪、蛋白质、膳食纤维、糖类、维生素、矿物质等，自古以来被当作延年益寿的食品。其味甘，性平，入药常用于滋补肝肾、益血润肠等。用芝麻榨取的香油（又称麻油），是人们常用的调味料。

②《锦囊秘录》：即《冯氏锦囊秘录》，系明清间医家冯兆张所撰的医书。

③《广雅》：我国最早的一部百科词典，由三国时魏国官员张揖仿《尔雅》体裁编纂而成，收字一万八千余个。

④心惊：中医病证名，是脏腑惊证之一，指由肝血虚导致的心动神乱。

⑤仙经：道家经典。

【今译】

《锦囊秘录》说：胡麻养肺，耐饥，耐渴。

按语：胡麻就是芝麻，《广雅》称为『藤宏』。胡麻使筋骨坚强，对听力、视力有益，制止心惊，治疗百病。黑色的名叫『巨胜』，受到道家经典的重视；棕色的香气超过黑色的。将胡麻清炒、磨碎，加水过滤出汁液，放进粥里。

松仁[1]粥

《纲目》方：『润心肺，调大肠。』

按：兼治骨节风[2]，散水气、寒气，肥五藏，温肠胃。取洁白者，研膏入粥。色微黄，即有油气，不堪用。《列仙传》[3]云：『偓佺[4]好食松实[5]，体毛数寸。』

【注释】

①松仁：即松子去皮后的种仁，又称松子仁，含蛋白质、脂肪、矿物质等。其性温味甘，常用于养阴熄风、润肺滑肠等。

②骨节风：中医病证名，指骨头、关节感受风邪后所引起的疼痛。

③《列仙传》：中国第一部系统叙述神仙的传记，主要记述上古及三代、秦、汉之间的七十余位神仙的重要事迹及成仙过程。其具体成书时间及作者有争议，通常认为系西汉史学家刘向所著，现存版本较多。

④偓（wò）佺（quán）：神话传说中仙人的名字。据《列仙传》记载，是一位在槐山（位于今山东蓬莱西北）采药的老人。

⑤松实：松子。

【今译】

《纲目》中的食方说：松仁滋润心肺，调理大肠。

按语：松仁粥兼治骨节风，发散水气、寒气，使五脏丰腴，温和肠胃。使用洁白的松仁，研磨成糊状，加进粥里。颜色微黄的松仁，已经出油，不能食用。《列仙传》说：『偓佺喜欢吃松子，身体上的毛有数寸长。』

菊苗[1]粥

《天宝单方》[2]：『清头目。』

按：兼除胸中烦热[3]，去风眩[4]，安肠胃。《花谱》曰：『茎紫，其叶味甘者可食。』苦者名『苦薏』，不可用。苗乃发生之气聚于上，故尤以清头目有效。

【注释】

①菊苗：菊的幼嫩茎叶，含蛋白质、脂肪、膳食纤维、矿物质、维生素等。其味甘、微苦，性凉，入药常用于清肝明目等。

②《天宝单方》：即《天宝单方图》，唐玄宗时编撰的药方典籍，具体编撰者不详。

③胸中烦热：中医病证名，指心火旺或外邪影响导致的内热、心烦。

④风眩：中医病证名，指因风邪、风痰所致的眩晕。

【今译】

《天宝单方》说：菊苗清利头目。

按语：菊苗兼清除胸中烦热，除去风眩，安稳肠胃。《花谱》说：『茎是紫色，叶子味道甜的菊苗，可以食用。』叶子味道苦的菊苗，不能食用。菊苗是生长之气聚集之处，所以对清利头目尤为有效。

菊花[1]粥

慈山参入。

养肝血，悦颜色，清风眩，除热，解渴，明目。其种以百计。《花谱》曰：『野生，单瓣色白、开小花者良，黄者次之。』点茶[2]亦佳。煮粥去蒂，晒干磨粉和入。

【注释】

①菊花：菊的花朵，营养成分与菊苗相同。其味甘、苦，性微寒，是中药材，常用于清肝明目、清热解毒等。菊花的种类繁多，是一种流行的观赏花卉。

②点茶：古时一种煮茶方法，尤流行于宋代。具体做法是：从团饼茶擘出茶叶末，放入茶碗，注入沸水调成糊状，后再注入沸水；或者直接向已放置茶叶末的茶碗中注入沸水，用茶筅（xiǎn）（竹制的调茶工具）搅动，茶叶末上浮，形成糊状。

【今译】

这道粥方由曹庭栋加入。

菊花保养肝血，和悦面色，清除风眩，除热，解渴，明目。菊花的种类数以百计。《花谱》说：『菊花野生，单瓣颜色白、开小花的好，颜色黄的次之。』用菊花点茶也很有益。用菊花煮粥，去除花蒂，晒干后磨粉，加入粥中搅和。

梅花①粥

《采珍集》②：绿萼③花瓣，雪水煮粥，解热毒④。

按：兼治诸疮毒⑤。梅花凌寒而绽，将春而芳，得造物生气之先；香带辣性，非纯寒。粥熟加入，略沸。《埤雅》⑥曰：梅入北方变杏⑦。

【注释】

①梅花：梅树的花，含多种挥发油，主要为苯甲醛、乙酸苄酯、异丁香油酚、芳樟醇、苯甲醇等。其性平、味酸涩，常用于舒肝和胃、生津化痰等。梅花还具有观赏性，位于十大名花之首，受到历代文人墨客的咏赞。

②《采珍集》：又名《留青采珍集》，由清朝文人陈枚所辑。

③萼：花瓣下一圈叶状的绿色小片。

④热毒：中医病症名，指火热郁结成毒。

⑤疮毒：即疮痈毒肿。

⑥《埤（pí）雅》：专门解释名物的训诂典籍，由北宋官员陆佃所著。陆佃是南宋著名诗人陆游的祖父。

⑦梅入北方变杏：此说法有误。杏和梅是两种不同的果树，梅中有似杏的杏梅之种。李时珍《本草纲目》：『陆佃《埤雅》言：梅入北方变为杏，郭璞注《尔雅》以柟为梅，皆误矣。』

【今译】

《采珍集》说：用梅花的绿色花萼、花瓣以及雪水煮粥，解除热毒。

按语：梅花兼治各种疮痈毒肿。梅花冒着严寒绽放，向着春天散发芬芳，率先得到万物生长之气；梅花的香带着辣性，不是纯粹的寒性。粥煮熟后加进梅花，略微煮沸。《埤雅》说：梅树到了北方就变成杏树。

佛手柑①粥

《宦游日札》②：闽人以佛手柑作菹③，并煮粥，香清开胃。

按：其皮辛，其肉甘而微苦。甘可和中④，辛可顺气，治心胃痛宜之。陈者尤良。入粥用鲜者，勿久煮。

【注释】

①佛手柑：系芸香科植物佛手的果实，也称佛手，含蛋白质、维生素、矿物质、挥发油、柚皮苷等，既可食用，又可用于加工食品、饮料、酿酒等。其性温，味辛、苦、酸，常用于舒肝理气、和胃止痛等，药用价值较大。因其果形奇特，常作为观赏植物。

②《宦游日札》：古代笔记，余不详。

③菹（zū）：同『菹』，泡菜、腌菜。

④和中：和缓脾胃之气。

【今译】

《宦游日札》说：闽地的人用佛手柑做腌菜，并煮粥，粥的香气清新、能开胃。

按语：佛手柑的皮的味道辛，它的肉味道甘而微苦。甘味能和缓脾胃之气，辛味能使身体之气顺畅，适宜治疗心、胃的疼痛。陈旧的佛手柑尤其好。加进粥里要用新鲜的佛手柑，不要长时间煮。

百合[1]粥

《纲目》方：润肺调中。

按：兼治热咳[2]，脚气。嵇含[3]《草木状》[4]云：『花白叶阔为百合，花红叶尖为卷丹[5]，卷丹不入药。窃意花叶虽异，形相类而味不相远，性非迥别。

【注释】

①百合：此处指百合科植物百合的鳞茎，含蛋白质、脂肪、还原糖、淀粉、维生、矿物质、生物碱等，营养价值高。其味甘、微苦，性微寒，干燥后（即百合干）入药，常用于养阴润肺、清心安神等。

②热咳：中医病证名，指由各种原因导致的肺热郁结、肺气失宣，从而出现咳嗽、咳痰。与寒咳相对。

③嵇含（二六三—三〇六）：西晋文学家、植物学家，铚县（今安徽濉溪临涣镇）人，三国时期著名思想家嵇康的侄孙。

④《草木状》：又名《南方草木状》，记载了古代岭南地区八十种植物。它是我国现存最早的植物志。

⑤卷丹：又名卷丹百合，是百合的一种，因花色橙红、花瓣反卷而得名。

【今译】

《纲目》中的食方说：百合滋润肺、调理脾胃。

按语：百合兼治热咳，脚气。嵇含所著《草木状》说：花白色、叶子宽阔的是百合，花红色、叶子尖的是卷丹，卷丹不用作治病的药。我认为，百合与卷丹的花、叶虽然不同，但形体相似、味道差异不大，性质并不是迥然不同。

砂仁[1]粥

《拾便良方》[2]：治呕吐，腹中虚痛[3]。

按：兼治上气咳逆[4]、胀痞[5]，醒脾[6]、通滞气[7]，散寒饮[8]，温肾肝。炒去翳[9]，研末，点入粥。其性润燥。韩忞[10]《医通》[11]曰：肾恶燥，以辛润之。

【注释】

①砂仁：此处指姜科植物砂仁的果实，含多种挥发油即矿物质等。其味辛、性温，常用于行气调中、和胃醒脾等。因具有强烈的芳香气味和辛辣，其还被当作香料。

②《拾便良方》：一些简便易行的药方合集，具体情况不详。

③虚痛：中医病证名，指由身体阴虚、阳虚、气血虚弱等引起的疼痛。

④上气咳逆：中医病证名，指咳嗽气喘。上气，肺气上逆。

⑤胀痞：中医病证名，指郁结胀闷。痞，胸腹间气机阻塞不舒。

⑥醒脾：中医术语，指健运脾气、治疗脾运化无力。

⑦滞气：中医病证名，指身体内气机淤滞不畅、停滞不行。

⑧寒饮：中医病证名，指因寒邪导致身体内水液传输不利、停滞。饮，由各种原因身体内水液传输不利、停滞，中医有『诸饮』之说。

⑨翳：此处指砂仁的皮。

⑩韩忞（mào）（一四四一——一五二二？）：明代医家，泸州（今四川泸州）人。

⑪《医通》：又名《韩氏医通》，是一部综合性医书，主要内容为症状诊断、处方、用药等。

【今译】

《拾便良方》说：砂仁治疗呕吐，腹中虚痛。

按语：砂仁兼治上气咳逆、胀痞，醒脾、使滞气通顺，散去寒饮，温和肾、肝。将砂仁翻炒，去掉皮，研磨成碎末、一点点地加进粥里。砂仁的性质滋润燥气。

五加芽①粥

《家宝方》②：明目止渴。

按：《本草》③：五加根皮效颇多。又云：其叶作蔬，去皮肤风湿；嫩芽焙干代茶，清咽喉。作粥色碧香清，效同。《巴蜀异物志》④名『文章草』。

【注释】

①五加芽：五加科植物五加的嫩茎叶，含糖苷、槲皮素、黄酮、有机酸、矿物质等，可作蔬菜。其干燥的根皮称为五加皮，味辛、苦，性温，是上等中药，常用于祛风湿、补益肝肾、利水消肿等。

②《家宝方》：又名《卫生家宝方》《卫生家宝》，系南宋官员朱端章所辑的方书。

③《本草》：编撰者及时代不详。本草，即中草药，故古时中药书籍多以本草为名。

④《巴蜀异物志》：记载巴蜀地区新异物产的典籍，系三国时蜀汉官员谯周编撰。

【今译】

《家宝方》说：五加芽明目、制止烦渴。

按语：《本草》说：五加根皮的功效颇多。又说：五加的叶子作为蔬菜，除去皮肤的风湿；五加的嫩芽焙干，代替茶叶，清理咽喉。用五加芽煮粥，颜色呈青绿色，香气清新，功效一样。《巴蜀异物志》称它为『文章草』。

枸杞叶①粥

《传信方》②：治五劳七伤③。豉汁和米煮。

按：兼治上焦客热④，周痹⑤风湿，明目安神。味甘气凉，与根皮及子性少别。《笔谈》⑥云：陕西极边生者。大合抱，摘叶代茶。

【注释】

①枸杞叶：茄科植物枸杞的嫩茎叶，含甜菜碱、芦丁、维生素、氨基酸、矿物质等，可作为蔬菜食用。其性凉，味甘、苦，常用于生津止渴、补肝益肾、活血化瘀、祛风除湿等。

②《传信方》：唐朝文学家刘禹锡所辑方书。原书已亡佚，内容散见于其它古代中医典籍。

③五劳七伤：中医术语。五劳，五种行为造成的过度疲劳。《素问·宣明五气篇》：『五劳所伤，久视伤血，久卧伤气，久坐伤肉，久立伤骨，久行伤筋，是谓五劳所伤。』又，隋代医家巢元方所撰《诸病源候论》：『五劳者，一曰志劳，二曰思劳，三曰心劳，四曰忧劳，五曰瘦劳。』七伤，身体的七种损伤。《诸病源候论》：一曰大饱伤脾，二曰大怒气逆伤肝，三曰强力举重、久坐湿地伤肾，四曰形寒寒饮伤肺，五曰忧愁思虑伤心，六曰风雨寒暑伤形，七曰大恐惧不节伤志。

④上焦客热：中医病证名。《诸病源候论》：『客热者，由人腑脏不调，生于虚热。客于上焦，则胸膈生痰实，口苦舌干；客于中焦，则烦心闷满，不能下食；客于下焦，则大便难，小便赤涩。』客热，外热，非脏腑所生。

⑤周痹：中医病证名，指遍及全身的痹证。明代医家张景岳所撰《类经·疾病类六十八》：『能上能下，但随血脉而周边于身，故曰周痹。』

⑥《笔谈》：即《梦溪笔谈》，内容涉及天文、数学、物理、化学、生物等诸多门类学科，作者为北宋科学家沈括。

【今译】

《传信方》说：枸杞叶治疗五劳七伤。方法是用枸杞叶、豉汁和米一起煮。

按语：枸杞叶兼治上焦客热，周痹、风湿，使视力好、神志安稳。枸杞叶味甘、性凉，与根皮及果实的性质差异小。《梦溪笔谈》说：枸杞在陕西非常偏远的地区生长。树粗到两臂环抱，摘下叶子替代茶叶。

枇杷叶①粥

《枕中记》②：疗热嗽③。以蜜水④涂炙，煮粥，去叶食。

按：兼降气⑤止渴，清暑毒⑥。凡用，择经霜老叶，拭去毛，甘草汤⑦洗净，或用姜汁炙黄。肺病可代茶饮。

【注释】

①枇杷叶：蔷薇科植物枇杷的叶子，含挥发油、有机酸、皂苷、苦杏仁苷、单宁、维生素等。其味苦，性微寒，常用于清肺止咳、降逆止呕等。

②《枕中记》：古代道家养生、求仙方法之书，作者及成书年代不详。

③热嗽：中医病证名，邪热犯肺或积热伤肺所致的咳嗽。

④蜜水：加蜂蜜的水。

⑤降气：又称下气，指降逆下气。

⑥暑毒：暑邪造成的热毒。

⑦甘草汤：甘草的根或根茎与水一起煮成的汤汁。甘草，又称国老、甜草，含脂肪、蛋白质、膳食纤维、维生素、矿物质、活性物质等。其根、根茎入药，味甘、性平，常用于补脾益气、清热解毒、缓急止痛、调和诸药等。

【今译】

《枕中记》说：枇杷叶治疗热嗽。将枇杷叶涂上蜂蜜水后炒，用于煮粥，粥好后挑去枇杷叶再吃。

按语：枇杷叶兼降逆下气、制止烦渴，清除暑毒。凡是使用枇杷叶，要选择经过霜打的老叶，擦去叶子上的毛，用甘草汤洗干净，或者用姜汁炒成黄色。肺病患者可用枇杷粥代替茶喝。

茗[1]粥

《保生集要》[2]：化痰消食。浓煎[3]入粥。

按：兼治疟痢[4]，加姜。《茶经》[5]曰：名有五：一茶，二槚[6]，三蔎[7]，四茗，五荈[8]。《茶谱》[9]曰：早采为茶，晚采为茗。《丹铅录》[10]：茶即古『茶』字。《诗》[11]『谁谓荼苦』是也。

【注释】

①茗：茶叶，即茶树的叶子和芽。茶叶含茶多酚类、植物碱、蛋白质、氨基酸、维生素、茶单宁、咖啡因、果胶素、有机酸、糖类、酶类、矿物质等，医疗价值高，其饮品与咖啡、可可一起被誉为『世界三大饮料』。

②《保生集要》：清代医家黄阳杰所撰的一部妇科类中医著作。

③浓煎：即煎浓，指尽量久煮使汁液浓缩。

④疟痢：中医病证名，指疟证、痢疾。疟证久患不愈，寒热邪气传至肠胃而导致痢疾。

⑤《茶经》：中国现存最早的第一部茶学专著，内容包括茶叶起源、生产、茶道等，作者为唐代茶学家陆羽。

⑥槚（jiǎ）：茶树。

⑦蔎（shè）：茶树。

⑧荈（chuǎn）：采摘时间较晚的茶。郭璞《尔雅注疏》云：『今呼早采者为茶，晚取者为茗。一名荈，蜀人名之苦荼。』

⑨《茶谱》：记述茶的产地与品性、茶事、茶诗文等内容的茶书，系五代时期词人毛文锡所撰。原书已佚失，部分内容散见于其它古籍。

⑩《丹铅录》：明代著名文学家杨慎所著考辨群书异同的笔记。

⑪《诗》：即《诗经》。《诗经·谷风》：『谁谓荼苦，其甘如荠。』

【今译】

《保生集要》说：茶叶化痰消食。将茶叶煮成浓汁加进粥里。

按语：茶叶兼治疟痢，加入姜。《茶经》说：茶的名字有五个：一是茶，二是槚，三是　，四是茗，五是荈。《茶谱》说：早期采的叫茶，晚期采的叫茗。《丹铅录》说：茶是古代的『茶』字。《诗经》中『谁为荼苦』就是这个意思。

苏叶粥①

慈山参入。

按：《纲目》：用以煮饭，行气解肌②，入粥功同。

按：此乃发表③散风寒之品，亦能消痰、和血、止痛。背面④皆紫者佳。《日华子本草》⑤谓能补中益气，窃恐未然。

【注释】

①苏叶：即紫苏叶，为唇形科植物紫苏的叶子，含蛋白质、脂肪、胡萝卜素、氨基酸、矿物质等，可作为蔬菜食用。其味辛，性温，常用于解表散寒、行气和胃等。紫苏及种子可用于提取食用油、制药、加工化妆品等，经济价值很高。紫苏有绿紫苏（白苏）和紫苏两种。

②行气解肌：中医术语。行气，使体内淤滞之气畅通。解肌，解除在体表的邪气。肌，体表。

③发表：中医名词，即发汗解表，指通过发汗解散体表邪气。

④背面：背面和正面。

⑤《日华子本草》：又名《日华子诸家本草》《日华本草》，是一部记载药物的本草书，成书年代、作者不详。原书已散佚，内容散见于其它古代中医典籍。

【今译】

这个粥方由曹庭栋加入。

按语：《纲目》说：用苏叶煮饭，使体内淤滞之气畅通，解除在体表的邪气，将苏叶放进粥里的功效相同。

按语：这是发汗解表、祛散风寒的药品，也能消除痰、温和血、制止痛。背面和正面都是紫色的苏叶好。《日华子本草》说苏叶粥能补脾胃之气，有益于身体之气，我认为恐怕不是这样。

苏子①粥

《简便方》②：治上气咳逆。又《济生方》③：加麻子仁④，顺气顺肠。

按：兼消痰润肺。《药性本草》⑤曰：长食苏子粥，令人肥白身香。《丹房镜源》⑥曰：苏子油能柔五金八石⑦。

【注释】

①苏子：紫苏的种子，营养成分、功效与叶子相似。青苏子可腌制食用。相见前文『苏叶粥』注释①。

②《简便方》：又名《简便单方俗论》，系明代医家杨起所撰方书，内容为病证、病因、治则、验方等。

③《济生方》：又名《严氏济生方》，系南宋医家严用和所撰方书，内容为分类辑录病证、医论、医方。原书散佚，今有辑本。

④麻子仁：又名火麻仁、麻子、大麻仁等，是大戟科植物大麻（毒品大麻属于桑科植物）的种仁，含蛋白质、脂肪、氨基酸、维生素、膳食纤维、矿物质等，可榨油。其味甘，性平，常用于润燥滑肠、通淋活血等。大麻的叶、根均可入药，秆可作为造纸原料。

⑤《药性本草》：明代医家薛己所撰本草书，内容主要为药性、用药法、药物炮制等。薛己所撰《本草约言》由其与《食物本草》组成。

⑥《丹房镜源》：又名《丹方鉴源》，记录道家仙方的炼丹书。作者名独孤滔，生平不详，生活年代有五代、唐、北宋之说。

⑦五金八石：古代道家、方士炼丹使用的原料。五金，五种金属，指金、银、铜、铁、锡。八石，八种矿物，指朱砂、雄黄、云母、空青、硫黄、戎盐、硝石、雌黄。

【今译】

《简便方》说：苏子治疗上气咳逆。另外《济生方》说：苏子加麻子仁，使身体之气、肠道顺畅。

按语：苏子还能消除痰、滋润肺。《药性本草》说：长期食用苏子粥，使人长胖、皮肤白、身体香。《丹房镜源》说：苏子油能使五金八石柔软。

霍香①粥

《医余录》②：散暑气，辟恶气。

按：兼治脾胃、吐逆、霍乱③、心腹痛，开胃进食。《交广杂志》④谓霍香木本⑤。《金楼子》⑥言：五香共是一木⑦，叶为霍香。入粥用南方草本，鲜者佳。

【注释】

①霍香：即藿香，又名合香、山茴香等，属唇形科植物，全株都具有香味，含蛋白质、脂肪、胡萝卜素、维生素、矿物质、挥发油等，既可作为观赏植物，又可作为蔬菜及佐料食用。其味辛、性温，全株干燥后可入药，常用于化湿醒脾、和中止呕、发表解暑等。

②《医余录》：《本草纲目》所引中医典籍，余不详。

③霍乱：中医病证名，与西医所说的霍乱有别。明代医家张介宾所撰《景岳全书》：『霍乱一证，以其上吐下泻，反复不宁而挥霍撩乱，故曰霍乱，此寒邪伤脏之病也。盖有外受风寒，寒气入脏而病者；有不慎口腹，内伤食饮而病者；有伤饥失饱，饥时胃气已伤，过饱食不能化而病者；有水土气令，寒湿伤脾而病者；有旱潦豪雨，清浊相混，误中沙气阴毒而病者，总之皆寒湿伤脾之证。』

④《交广杂志》古时记录交州、广州地区风土人情的典籍，其余不详。交广，交州、广州。交州，治所在龙编（今越南河内东），辖境包括今越南北部和中部、广东雷州半岛和广西南部。广州，治所在番禺（今广州番禺区），辖境包括今广东、广西大部分地区，与交州以南方五岭至合浦（今广西合浦）为界。

⑤谓霍香木本：藿香是草本植物。木本，即木本植物，与草本植物相对。人们通常将木本植物称为树，将草本植物称为草。

⑥《金楼子》：南北朝时一本体例复杂、内容庞杂的杂家著作，主要内容为评价历代王侯、总结文学与思想、野史小说，著者为南朝时梁孝元帝萧绎。

⑦五香共是一木：《金楼子》卷五：『扶南国（东南亚古王国）今众香皆共一木，根是旃檀，节是沈香，花是鸡舌，叶是霍香，胶是薰陆。』《本草纲目》：『梁元帝《金楼子》谓一木五香……并误也。五香各是一种。所谓五香一本者，即前苏恭所言，沉、栈、青桂、马蹄、鸡骨者是矣。』

【今译】

《医余录》说：藿香祛散暑气，祛除损害身体之气。

按语：藿香兼治脾胃、呕吐而气逆、霍乱、心腹痛，开胃、促进饮食。《交广杂志》说藿香是木本植物。《金楼子》说五香同是一个木本植物，叶子是藿香。加进粥里用南方的草本植物藿香。新鲜的藿香好。

薄荷①粥

《医余录》：通关格②、利咽喉，令人口香。

按：兼止痰嗽③，治头痛脑风④，发汗，消食，下气，去舌胎⑤。《纲目》云：煎汤煮饭，能去热，煮粥尤妥。扬雄《甘泉赋》⑥作茇葀⑦。

【注释】

①薄荷：又名银丹草，含薄荷醇、蛋白质、脂肪、膳食纤维、矿物质、胡萝卜素等，即可作为调味剂、香料，又可入酒、茶。其味辛、性凉，全草可入药，常用于疏散风热、利咽透疹、疏肝行气等。

②关格：中医病证名。关，小便不通。格，呕吐。

③痰嗽：又称痰饮咳嗽，指由痰饮导致咳嗽。痰饮，中医病证名，指痰液积留在体内某一部位。

④脑风：中医病证名，指风邪入脑所引起的病症，属头风。头风，中医病证名，指经久难愈的头痛。

⑤舌苔：中医名词，指舌背上一层薄白而润的苔状物。

⑥《甘泉赋》：汉代宫殿赋代表作之一，全文铺陈夸张、气魄宏伟。扬雄，见前文『芡实粥』注⑤。

⑦茇（bá）葀（kuò）：又作菝葀。《甘泉赋》：『攒并闾与茇葀兮，纷被丽其亡鄂。』

【今译】

《医余录》说：薄荷使关格通畅，使咽喉顺利，令人口中充满香味。

按语：薄荷还能制止痰嗽，治疗头痛脑风，发汗，消食，下气，除去舌苔。《纲目》说：用薄荷烧汤煮饭，能去除热邪，用薄荷煮粥尤其好。扬雄《甘泉赋》把薄荷当作茇葀。

松叶①粥

《圣惠方》：细切煮汁作粥，轻身益气。

按：兼治风湿疮②，安五藏，生毛发，守中耐饥。或捣汁、澄粉③、曝干，点入粥。《字说》云：松柏为百木之长。松犹公④也，柏犹伯也。

【注释】

①松叶：又称松针，指松树的针叶，状似针，含糖类、蛋白质、脂肪、氨基酸、矿物质、维生素、黄酮类物质等。其味苦，性温，常用于祛风活血、明目安神、解毒止痒等。

②风湿疮：中医病证名，指风邪、湿邪、热邪郁结于肌肤，导致体表出现疮疡。

③澄粉：又称澄面，指用水漂洗面粉，将面粉分离成淀粉与面筋。通常用澄粉指淀粉。

④公：古时爵位之一。《礼记·王制》：『王者之制禄爵，公侯伯子男，凡五等。』

【今译】

《圣惠方》说：将松叶细细地切碎，煮出汁液，用汁液做粥，使身体轻快、有益于身体之气。

按语：松叶兼治风湿疮，使五脏安稳，使毛发生长，保守中气、忍耐饥饿。有的人将松叶捣成汁液、制成淀粉、晒干，一点点地加入粥里。《字说》说：松柏是所有树木中最优秀的。松像公爵一样，柏像伯爵一样。

柏叶[①]粥

《遵生八笺》[②]：神仙服饵[③]。

按：兼治呕血便血，下痢烦满[④]。用侧柏叶[⑤]，随四时方向采之，捣汁、澄粉、入粥。《本草衍义》[⑥]云：柏木西指，得金之正气[⑦]，阴木而有贞德者[⑧]。

【注释】

①柏叶：柏树的枝梢和叶子，含挥发油、黄酮类物质、单宁、维生素、矿物质等。其味甘、性温，常用于凉血止血、清热祛风、生发乌发等。

②《遵生八笺》：明朝戏曲作家高濂所撰养生著作，内容为修身、养生的方法，其中收录三千余种食方、药方。

③神仙服饵：修仙服食金丹。饵，饵丹，即金丹。

④下痢烦满：中医病证名。下痢，湿热郁蒸、气血阻滞导致腹泻。烦满，内热郁结导致心烦、胸中闷满。

⑤侧柏叶：侧柏的枝梢和叶子，小枝扁平。其营养成分、功效与柏叶相同。侧柏，柏树的一种。

⑥《本草衍义》：又名《本草广义》，系北宋药物学家寇宗奭（shì）所撰，内容为医药学理论、药物鉴别与运用、单方与验方等。

⑦柏木西指，得金之正气：柏树朝向西，得到五行之金的正气。道家五行学说认为，金居西方，制约木，所以说柏树能得金的正气。明代医家卢之颐所撰《本草乘雅半偈》：『先人云：万木皆向阳，而柏独西指者，顺受金制以为用，乃能成其贞固而可久，故字从白。』正气，中医名词，指人体内的元气，与邪气相对。《素问·刺法论》：『不相染者，正气存内，邪不可干。』

⑧阴木而有贞德者：阴木，喜阴之木，可汇聚阴气。其生长力顽强，像坚定、有节操之人，所以用贞德比喻。

【今译】

《遵生八笺》说：柏叶像修仙服食的金丹一样。

按语：柏叶兼治呕血便血，下痢烦满。使用侧柏叶，要随着它在四季不同的朝向而采摘，然后捣成汁液、制成淀粉，加进粥里。《本草衍义》说：柏树朝向西，得到五行之金的正气，是生长力顽强的阴木。

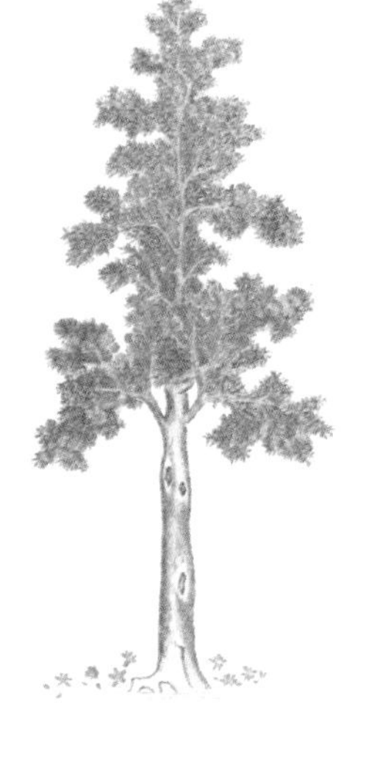

花椒[1]粥

《食疗本草》[2]：治口疮[3]。又《千金翼》[4]：治下痢，腰腹冷，加炒面煮粥。

按：兼温中暖肾，除湿，止腹痛。用开口者，闭口有毒。《巴蜀异物志》：出四川清溪县[5]者良。香气亦别。

【注释】

①花椒：芸香科植物花椒的果实，含挥发油、蛋白质、核黄素、硫胺素、膳食纤维、矿物质等，是常用的调味料。其味辛、性温，常用于温中止痛，杀虫止痒等。植物花椒的叶子可食用，也可做调味料；种子可榨油；果皮可作为香料或香精的原料。

②《食疗本草》：唐代医家孟诜（shēn）所撰食疗方法专著。原书已佚，今存辑本。

③口疮：中医病证名，指外感湿热或内热郁结造成的口舌生疮，类似于现代医学的口腔溃疡。

④《千金翼》：即《千金翼方》，是孙思邈晚年所收集药方的辑录。因其目的为补充早期所撰《千金要方》的不足，故名翼方。

⑤清溪县：今四川犍为清溪镇。

【今译】

《食疗本草》说：花椒治疗口疮。另外《千金翼方》说：花椒治疗下痢、腰部和腹部寒冷，加上炒好的面粉煮粥。

按语：花椒兼温和脾胃之气、温暖肾，除去湿邪，制止腹痛。要使用开口的花椒，没有开口的花椒有毒。《巴蜀异物志》说：产出于四川清溪县的花椒好。不同产地花椒的香气也有区别。

栗[1]粥

《纲目》方：补肾气，益腰脚。同米煮。

按：兼开胃、活血。润沙[2]收之，入夏如新。梵书[3]名『笃迦』，其扁者曰『栗楔』，活血尤良。《经验方》[4]：每早细嚼风干栗，猪肾粥助之，补肾效。

【注释】

①栗：即栗子，又称板栗，指栗斗科植物栗树的果实，此处指栗子去壳的种仁。栗子含淀粉、糖类、胡罗卜素、蛋白质、脂肪、维生素、矿物质等，既可生食、炒食、煮食，又能与其它食材一起烹饪，还能制成糕点、糖果等。其味甘、性温，常用于滋阴补肾等。栗树的叶、花、树皮、根皮、栗子壳均可入药。

②润沙：潮湿的沙子。

③梵书：用梵文写的书，指古印度的宗教文献或佛经。

④《经验方》：又名《瑞竹堂经验方》，系元朝医家萨迁编撰的方书，共收集药方三百余首。

【今译】

《纲目》中的食方说：栗子补充肾气，有益于腰、脚。用栗子与米一起煮粥。

按语：栗子兼开胃、活血。栗子用潮湿的沙子收藏，到了夏天就像新鲜的一样。栗子在梵书中称为『笃迦』，扁的栗子叫『栗楔』，用于活血尤其好。《经验方》说：每天早晨细细地咀嚼风干的栗子，用猪肾粥辅助，补肾有效果。

菉豆①粥

《普济方》②：治消渴饮水③。又《纲目》方：解热毒。

按：兼利小便，厚肠胃，清暑下气。皮寒肉平④。用须连皮，先煮汁，去豆、下米煮。《夷坚志》⑤云：解附子⑥毒。

【注释】

①菉(lù)豆：即绿豆，豆科植物绿豆的种子，含蛋白质、脂肪、氨基酸、胡萝卜素、维生素、矿物质等。其味甘，性凉，常用于清热解毒、消暑利水等。

②《普济方》：明代藩王朱橚(sù)等所撰方书，收录六万余首药方。它是我国现存最大的方书，保存了极其丰富和珍贵的医方资料。

③消渴饮水：由消渴病导致的饮水不止。消渴，中医病证名，与现代医学的糖尿病基本一致。

④皮寒肉平：绿豆的皮性寒，肉性平。

⑤《夷坚志》：南宋官员洪迈所撰文言志怪集。其卷帙浩繁，是中国小说发展史上的一座高峰，对后世影响甚大。

⑥附子：又名附片、乌头等，系毛茛科植物乌头母根的子根。因附着于乌头的根，似子附母而得名。附子含乌头类生物碱，毒性剧烈，经炮制后可入药，但毒性仍存。经过加工的附子味甘、辛，性大热，常用于回阳救逆、补火助阳、散寒止痛等。

【今译】

《普济方》说：菉豆治疗由消渴导致的饮水不止。另外《纲目》中的食方说：菉豆解除热毒。

按语：菉豆兼通利小便，保养肠胃，清暑下气。菉豆的皮性寒，肉性平。菉豆使用时必须带着皮，先用它煮汁液，然后捞出菉豆，将米放到汁液中煮。《夷坚志》说：菉豆解除附子的毒性。

鹿尾[1]粥

慈山参入。

鹿尾，关东[2]风干者佳。去脂膜[3]，中有凝血，如嫩肝，为食物珍品。碎切煮粥，清而不腻，香有别韵，大补虚损[4]。盖阳气聚于角，阴血[5]会于尾。

【注释】

①鹿尾：鹿科动物梅花鹿或马鹿的尾巴，含蛋白质、脂肪、维生素、氨基酸、矿物质、酶类、固醇类、激素等，通常作为汤的食材。其味甘、咸，性温，干燥后入药，常用于滋补、强体质等。

②关东：指山海关以东地区，包括今东三省、内蒙古东部部分地区。

③脂膜：皮肤表面形成的一层油质保护膜。

④虚损：中医病证名，又称虚劳，指脏腑功能衰退、气血阴阳亏损，且日久不康复，包括气虚、血虚、阳虚、阴虚。

⑤阴血：即血液。在内为阴，血液在皮肤内，故称阴血。

【今译】

这个粥方由曹庭栋加入。

鹿尾，产于关东、风干的好。新鲜的鹿尾去掉表面的脂膜，中间有凝结的血块，像嫩肝一样，是食物中的珍品。将鹿尾切碎煮粥，粥清淡而不油腻，香气别具一格，对虚损有巨大的补益。大概是阳气聚集在鹿角，血液汇集在鹿尾。

燕窝①粥

《医学述》②：养肺、化痰、止嗽，补而不滞。煮粥、淡食③有效。

按：《本草》不载，《泉南杂记》④采入，亦不能确辨是何物。色白治肺，质清化痰，味淡利水，此其明验。

【注释】

①燕窝：雨燕科动物金丝燕分泌的唾液，与其它物质混合后筑成的巢穴，含蛋白质、氨基酸、唾液酸、矿物质、糖类等，是传统的名贵食品之一。其味甘，性平，常用于养阴润燥、补中益气、化痰止咳等。

②《医学述》：清朝医家吴仪落所撰中医类典籍，包括《本草从新》《成方切用》《伤寒分经》等十种。部分已佚失。

③淡食：饭菜中不放盐食用。

④《泉南杂记》：明代官员陈懋仁所撰笔记，内容为涉泉州的历史、名胜山川、风土人情等。其官署处泉州（今福建泉州）之南，故名。

【今译】

《医学述》说：燕窝养肺、化痰、止咳，有补益却不会阻滞。用燕窝煮粥、饭菜中不放盐食用有效。

按语：《本草》中没有记载，《泉南杂记》中记录了它，还是不能明确地分辨燕窝是什么物品。白色的燕窝治疗肺，质地清澄的化痰，味道寡淡的通利水道，这得到了明确的验证。

中品二十七

山药①粥

《经验方》：治久泄。糯米水浸一宿，山药炒熟，加沙糖②、胡椒煮。

按：兼补肾精③，固肠胃。其子④生叶间，大如铃，入粥更佳。《杜兰香传》⑤云：食之辟雾露⑥。

【注释】

①山药：又名怀山药等，薯蓣（yù）科植物山药的根茎，含蛋白质、脂肪、维生素、膳食纤维、淀粉、糖矿物质、氨基酸等，是常用的食材。其味甘、性温，干燥后入药，常用于健脾补肺、固肾益精等。

②沙糖：即砂糖，指甘蔗汁晒干后形成的蔗糖。

③肾精：中医名词，包括生殖之精、脏腑之精。前者指生育繁衍，后者指生长发育。

④其子：指山药籽，又称零余子、山药豆，营养成分与山药相似。其性温、味甘，常用于补虚益肾、强腰腿。《本草拾遗》：『晒干功用强于薯预（即山药）。』

⑤《杜兰香传》：东晋文学家曹毗所撰杜兰香的传记。杜兰香，道教神话人物。

⑥雾露：中医名词，指寒湿。

【今译】

《经验方》说：山药治疗久泻不止。将糯米用水浸泡一夜，将山药炒熟，加入砂糖、胡椒一起煮。

按语：山药兼补益肾精，使肠胃健康。山药的籽长在叶子之间，像铃铛一样大，加进粥里更好。《杜兰香传》说：食用山药排除寒湿。

白茯苓[1]粥

《直指方》[2]：治心虚[3]、梦泄[4]、白浊。又《纲目》方：主清上实下[5]。又《采珍集》：治欲睡不得睡。

按：《史记·龟策传》[6]：名伏灵。谓松之神灵所伏也。兼安神、渗湿[7]、益脾。

【注释】

①白茯苓：多孔菌科真菌茯苓的干燥菌核切去赤茯苓（茯苓菌核的赤色部分）后剩下的白色部分，含蛋白质、糖类、氨基酸、卵磷脂、蛋白酶、维生素、矿物质等。其味甘、淡，性平，常用于利水渗湿、益脾和胃、宁心安神等。

②《直指方》：又名《仁斋直指方》，系南宋医家杨士瀛所撰方书。

③心虚：中医病证名，指心的阴、阳、气、血不足的各种病证。

④梦泄：中医病证名，即现代医学的梦遗。

⑤清上实下：中医术语，指身体出现上实下虚之病证时，采用请上实下的治疗方法。上、下，分别指上焦、下焦。上实下虚，中医病证名，又名上盛下虚，指因为肝肾不足导致的上焦阳亢（阳气亢越）、下焦阴虚。

⑥《史记·龟策传》：即《史记·龟策列传第六十八》。其中有言：『伏灵者，千岁松根也，食之不死。』

⑦渗湿：中医治疗方式，指渗透泄下、通利小便。

【今译】

《直指方》说：白茯苓治疗心虚、梦泄、白浊。另外《纲目》中的食方说：白茯苓有清除上焦的阳亢、充实下焦阴虚的功效。另外《采珍集》说：白茯苓治疗失眠。

按语：《史记·龟策传》说：茯苓名伏灵。这是说茯苓是松树的神灵所藏之处。白茯苓兼安神、渗湿、益脾。

赤小豆①粥

《日用举要》②：消水肿③。又《纲目》方：利小便，治脚气，辟邪疠④。

按：兼治消渴，止泄痢、腹胀、吐逆。《服食经》⑤云：冬至日食赤小豆粥，可厌疫鬼⑥。即辟邪疠之意。

【注释】

①赤小豆：又名赤豆等，是为豆科植物赤小豆或赤豆的成熟种子，含蛋白质、脂肪、膳食纤维、糖类、维生素、矿物质等，既可用于煮饭、煮粥、做汤，又可做成豆沙。其味甘、酸，性平，干燥后入药，常用于利水消肿、解毒排脓等。

②《日用举要》：又名《日用本草》，系元代医家吴瑞所撰食物本草著作，列举各类食物五百余种，对中医饮食疗法影响颇大。

③水肿：中医病证名，指体内水液滞留，以至于头面、眼睑、四肢、腹背乃至全身浮肿。

④邪疠：中医名词，即邪疠之气，又称疠气、戾气、疫气、疫毒等，指具有强烈致病性和传染性的外部病因。

⑤《服食经》：又称《彭祖服食经》，系彭祖所撰养生典籍，原书已佚失。彭祖，又名彭铿，先秦道家先驱之一。传说他活了八百年，被尊为厨行的祖师爷。

⑥疫鬼：散布瘟疫的鬼神。古人迷信地认为瘟疫有鬼神主宰。

【今译】

《日用举要》说：赤小豆消除水肿。另外《纲目》中的食方说：赤小豆通利小便，治疗脚气，祛除邪疠。

按语：赤小豆兼治消渴，制止泄痢、腹胀、吐逆。《服食经》说：冬至这一天食用赤小豆粥，可以压制散布瘟疫的鬼神。这就是祛除邪疠的意思。

蚕豆[1]粥

《山居清供》：快胃和脾。

按：兼利藏府[2]。《本经》[3]不载。万表[4]《积善堂方》[5]：有误吞针，蚕豆同韭菜食，针自大便出。利藏府可验。煮粥宜带露采嫩者，去皮用，皮味涩。

【注释】

①蚕豆：豆科植物蚕豆的种子，又称胡豆、罗汉豆等，含蛋白质、糖类、维生素、氨基酸、矿物质、磷脂、胆碱等，可烹饪食用，也可制作零食。其味甘，性平，常用于健脾利湿、治膈食水肿、止血等。蚕豆衣、叶、花均可入药。

②藏府：中医名词，同「脏腑」，是人体内脏器官的总称。

③《本经》：即《神农本草经》，又称《本草经》，是现存最早的中药学著作，也是中药学理论发展的源头。其约起源于神农氏，代代口耳相传，经过众多医家的搜集、总结，在东汉时整理成书。

④万表：明代官吏，通医术，约生活于十六世纪。

⑤《积善堂方》：万表所撰方书名。

【今译】

《山居清供》说：蚕豆使胃畅快、使脾温和。

按语：蚕豆还有益于脏腑。《本经》没有记载它。万表所撰《积善堂方》说：有人误吞了一根针，用蚕豆和韭菜一起食用，针跟着大便排出。蚕豆有利于脏腑可以得到验证。用蚕豆煮粥时，宜趁有露水采集鲜嫩的蚕豆，去掉皮使用，因为皮的味道涩。

天花粉①粥

《千金月令》②：治消渴。

按：即栝楼根。《炮炙论》③曰：圆者为栝，长者为楼，根则一也。水磨、澄粉，入粥。除烦热，补虚安中，疗热狂时疾④，润肺，降火⑤，止嗽，宜虚热⑥人。

【注释】

①天花粉：葫芦科植物栝(guā)蒌(又称栝楼、瓜蒌)干燥的根，含蛋白质、多糖、酶类、氨基酸、淀粉、皂甙等。其味甘、苦，性寒，常用于清热泻火、生津止渴、消肿排脓等。

②《千金月令》：孙思邈所撰方书。

③《炮炙论》：又称《雷氏炮炙论》，载药物300种，作者为南北朝时期刘宋医家雷敩。它是我国最早的中药炮制学专著，也是中药鉴定学的重要文献，对后世影响极大。原书已散佚，今存辑佚本。

④热狂：即狂病，中医病证名，指情志变化产生火邪，导致神志错乱、动而多怒、精神亢奋、燥妄不宁，相当于现代医学的精神分裂症、躁狂症等。

⑤火：中医术语，指人体阴阳失衡后出现的内热证候。中医认为，人体内热盛而生火，称为上火。

⑥虚热：中医病证名，指脏腑失调，虚弱而生内热，进而化为虚火。

【今译】

《千金月令》说：天花粉治疗消渴。

按语：天花粉就是栝楼根。《炮炙论》说：圆的叫栝，长的叫楼，两者的根是同一个。用水磨栝楼，制成淀粉，加进粥里。天花粉祛除烦热，补充气血不足，安和脾胃之气，治疗热狂、季节性流行病，滋润肺，使因热盛而上升的火气下降，制止咳嗽，适宜患虚热的人。养心药。

面[1]粥

《外台秘要》[2]：治寒痢[3]、白泻[4]。麦面炒黄，同米煮。

按：兼强气力，补不足，助五藏。《纲目》曰：北面性平，食之不渴；南面性热，食之发渴。随地气[5]而异也。梵书名迦师错。

【注释】

①面：指小麦面粉，含淀粉、蛋白质、维生素、矿物质、脂肪等。其味甘，性凉，常用于养心益肾、除热止渴等。

②《外台秘要》：唐代医家王焘所撰方书，记载药方六千余首。该书还搜集、整理了唐代及以前的许多医药著作。

③寒痢：中医病证名，指寒气侵犯肠胃造成的痢疾。

④白泻：中医病证名，指大便色白、稀薄的泻痢。

⑤地气：即地中之气。东晋的学者郭璞所撰《葬书》：『五气行乎地中，发而生乎万物。』

【今译】

《外台秘要》说：小麦面治疗寒痢、白泻。将小麦面炒成黄色，与米一起煮。

按语：小麦面兼增强气力，补充不足，有益于五脏。《纲目》说：北方的小麦面性平，食用之后不渴；南方的小麦面性热，食用之后出现渴。小麦面随着地气的变化而有差异。它在梵书中叫迦师错。

腐浆①粥

慈山参入。

腐浆即未点成腐②者。诸豆可制，用白豆③居多。润肺，消胀满④，下大肠浊气，利小便。暑月⑤入人汗有毒。北方呼为甜浆粥。解煤毒。清晨有肩挑鬻于市。

【注释】

①腐浆：即豆腐浆，今称豆浆，含蛋白质、磷脂、膳食纤维、维生素、矿物质等，既是常用饮品，又可与其它食材一起制作食品。其味甘、性平，常用于清肺化痰、润燥通便、利尿解毒等。

②点成腐：豆腐的制作方法，指点卤水制成豆腐。豆浆煮开之后，点卤水做出豆腐脑，然后将豆腐脑的水分挤出，并在模具中挤压，最终制成豆腐。

③白豆：又称眉豆、饭豆、米豆，是豆科植物菜豆的种子，含蛋白质、脂肪、氨基酸、胡萝卜素、糖类、矿物质等，既可制作豆沙馅，又可与其它食材一起烹饪。其味甘、性平，常用于化湿解毒、补肾和五脏、理中益气等。

④胀满：中医病证名，指胃实腹满。

⑤暑月：又称夏月，约为农历六月前后、小暑与大暑之时。

⑥煤毒：即煤气。

⑦鬻（yù）：卖。

【今译】

这个粥方由曹庭栋加入。

腐浆是没有点成豆腐的汁液。多种豆子能制作腐浆，使用白豆的占多数。腐浆滋润肺，消除胀满，使浊气下降，通利小便。暑月的时候它掺进人汗就有毒。北方称腐浆粥为甜浆粥。腐浆消解煤气。清晨的时候，有人肩挑着腐浆在街市上卖。

龙眼肉[1]粥

慈山参入。

开胃悦脾[2]，养心益智，通神明，安五藏，其效甚大。《本草衍义》曰：此专为果，未见入药。非矣。《名医别录》[3]云：治邪气，除蛊毒[4]。久服强魂[5]，轻身不老。

【注释】

①龙眼肉：又名桂圆肉，是无患子科植物龙眼（桂圆）的假种皮，含蛋白质、脂肪、膳食纤维、糖类、维生素、氨基酸、矿物质等，可以直接嚼服，也可制成果羹、泡酒等。其味甘、性温，常用于补益心脾、养血宁神等。

②悦脾：使脾愉悦，发挥正常功能。

③《名医别录》：又称《别录》，内容为补记《神农本草经》中药物的药性、功用、主治等。由于其系历代医家陆续汇集而成，故名《名医别录》。辑录者佚名，一作陶氏。约成书于东汉末年。原书已佚失，内容散见于其它古代中医典籍。

④蛊（gǔ）毒：蛊虫之毒。蛊虫，传说中毒性强大的毒虫。

⑤强魂：使魂魄强健。魂魄，人的精神灵气。古人认为，魂是阳气，构成人的思维才智；魄是阴气，构成人的感觉形体。

【今译】

这个粥方由曹庭栋加入。

龙眼肉开胃悦脾，养心益智，使神明畅通，安稳五脏，它的效果很大。《本草衍义》说：龙眼专门是水果，没有发现入药。这是错的。《名医别录》说：龙眼肉治疗邪气，清除蛊毒。长久食用使魂魄强健，使身体轻盈、不会老去。

大枣[1]粥

慈山参入。

按：道家方药，枣为佳饵。皮利肉补。去皮用，养脾气，平胃气，润肺止嗽，补五藏，和百药[2]。枣类不一，青州[3]黑大枣[4]良；南枣[5]味薄微酸，勿用。

【注释】

①大枣：又名红枣，含蛋白质、脂肪、糖类、胡萝卜素、维生素、氨基酸、矿物质、环磷酸腺苷等。其味甘、性平，常用于补脾和胃、益气生津、解药毒等。

②和百药：调和众药的药性，减少副作用。百，指众。

③青州：即今山东青州。

④黑大枣：即黑枣，是柿树科植物黑枣的果实。除食用之外，可酿酒、制醋、医用等。

⑤南枣：产于江浙地区的大枣。

【今译】

这个粥方由曹庭栋加入。

按语：道家治病的药物中，大枣是好的药物和补品。它的皮锋利，肉滋补身体。大枣要将皮去除后使用，能涵养脾气，平复胃气，滋润肺、制止咳嗽，滋补五脏，调和众药的药性。大枣的种类不一，青州的黑大枣好，南枣味道淡薄、微微发酸，不要使用。

蔗浆[1]粥

《采珍集》：治咳嗽虚热，口干舌燥。

按：兼助脾气[2]，利大小肠，除烦热，解酒毒[3]。有青、紫二种，青者胜。榨为浆，加入粥。如经火沸，失其本性，与糖霜[4]何异？

【注释】：

①蔗浆：即甘蔗汁，含糖类、氨基酸、维生素、矿物质、多酚、黄酮类、蛋白质、脂肪等，尤其富含铁。其味甘、性寒，常用于清热润燥、生津下气、补肺益胃等。

②脾气：指脾脏之气。

③解酒毒：指醒酒。酒毒，醉酒。

④糖霜：用甘蔗熬制的糖或冰糖。

【今译】

这《采珍集》说：蔗浆治疗咳嗽、虚热、口干舌燥。

按语：蔗浆还促进脾气运化，清理大肠、小肠，祛除烦热，醒酒。甘蔗有青色的皮、紫色的皮两种，青色皮的甘蔗更好。将甘蔗榨出汁液，加进粥里。这时候如果用火烧沸腾，使蔗浆失去了它的本性，与糖霜有什么区别呢？

柿饼[1]粥

《食疗本草》：治秋痢[2]。又《圣济方》[3]：治鼻窒[4]不通。

按：兼健脾涩肠[5]，止血止嗽，疗痔。日干为白柿，火干为乌柿[6]。宜用白者。干柿去皮纳瓮中，待生白霜[7]，以霜入粥尤佳。

【注释】

①柿饼：又名柿子饼，用柿子（柿科植物柿的果实）加工而成的食品，因像饼而得名。柿饼含糖类、维生素、蛋白质、脂肪、膳食纤维、矿物质等，是流传数百年的传统小吃。其味甘、涩，性寒，常用于清热润肺、止血止渴、健脾化痰等。

②秋痢：中医病证名，指秋燥侵入身体所致的痢疾。

③《圣济方》：明代藩王朱橚所辑方书，内容为宫廷秘方、民间与医家所献医方等。

④窒：阻塞。

⑤涩肠：中医名词，指收涩肠道，使久泻或久痢停止。

⑥乌柿：又称黑柿饼，与白柿为柿饼的两个种类。中医典籍认为两者有差异。《本草纲目》：『白柿：甘，平，涩，无毒；乌柿：甘，温，无毒。』

⑦白霜：又称柿霜，指柿子制成柿饼时外表所生的白色粉霜。其味甘、性凉，常用于润肺止咳、生津利咽、止血等。

【今译】

《食疗本草》说：柿饼治疗秋痢。另外《圣济方》说：柿饼治疗鼻子阻塞不通。

按语：柿饼还健运脾气、收涩肠道，制止出血、咳嗽，治疗痔疮。太阳晒干的是白柿，用火熏干的是乌柿。煮粥适合使用白柿。将干柿去皮后放进瓮中，等它出现白霜，将白霜加进粥里尤其好。

枳椇①粥

慈山参入。

按：俗名鸡距子。形卷曲如珊瑚，味甘如枣。《古今注》②：名树蜜。除烦清热，尤解酒毒。醉后次早，空腹食此粥颇宜。老枝嫩叶，煎汁倍甜，亦解烦渴。

【注释】

①枳(zhǐ)椇(jǔ)：又称拐枣、鸡爪子等，鼠李科乔木，果实与果梗含葡萄糖、氨基酸、维生素、蛋白质、矿物质等。其树皮、果实、果梗晒干后入药，味甘、性平，常用于清热利尿、止咳除烦、舒筋解毒等。其木质坚硬细致，可用于建筑及家具等。

②《古今注》：西晋官员崔豹所撰的考据性学术笔记，内容涉及舆服、都邑、音乐、鸟兽、鱼虫、草木等类事物。

【今译】

这个粥方由曹庭栋加入。

按语：枳椇的俗名叫鸡距子。它的形状卷曲，像珊瑚一样；味道甜，像枣子一样。《古今注》说：枳椇名叫树蜜。枳椇清除烦热，尤其醒酒。醉酒后第二天早晨，空腹食用枳椇粥很适合。用枳椇的老枝嫩叶煮汁非常甜，也可以解除烦渴。

枸杞子[1]粥

《纲目》方：补精血[2]，益肾气。

按：兼解渴除风，明目安神。谚云：去家千里，勿食枸杞。谓能强盛阳气也。《本草衍义》曰：子微寒，今人多用为补肾药，未考经[3]意。

【注释】

①枸杞子：又称枸杞、枸杞果等，为茄科植物枸杞的成熟果实，含氨基酸、甜菜碱、玉蜀黍黄素、酸浆果红素等，可作为食材使用。其味甘、性平，是名贵的中药材，常用于滋补肝肾、益精明目等。

②精血：中医名词，指精气、血液。中医认为，肝藏血、肾藏精，两者均为维持人体生命活动的基本物质，相互滋生、转化。

③经：指《神农本草经》。枸杞作为中药材，始载于《神农本草经》之『上品』部分。

【今译】

《纲目》中的食方说：枸杞子补充精血，有益于肾脏之气。

按语：枸杞子兼解除烦渴、祛除风湿，明目安神。谚语说：离家千里，勿食枸杞。这说明枸杞子能使阳气强盛。《本草衍义》说：枸杞子性质微寒，现在的人多用它作为补肾的药物，这没有考察《神农本草经》中枸杞的意思。

木耳[1]粥

《鬼遗方》[2]：治痔。

按：桑、槐、楮[3]、榆、柳，为五木耳。《神农本草经》云：益气不饥，轻身强志。但诸木皆生耳，良毒亦随木性。煮粥食，兼治肠红[4]。煮必极烂，味淡而清。

【注释】

①木耳：木耳科植物木耳的干燥子实体，含蛋白质、脂肪、多糖、胡萝卜素、维生素、烟酸、磷脂、矿物质等，被誉为『菌中之冠』『素中之荤』，是常用食材之一。其味甘、性平，常用于补气养血、润肺降压等。因为新鲜木耳含有化合物卟(bǔ)啉(lín)，所以食用后可能会中毒。

②《鬼遗方》：又名《刘涓子鬼遗方》《刘涓子神仙遗论》，系东晋末至南北朝刘宋时期医家刘涓子所撰，后经南齐医家龚庆宣整理。该书共载一百四十余首药方，多为治疗痈疽及金疮外伤等，

是我国现存最早的外科专著。据《鬼遗方》序言，一日刘涓子至郊外，遇黄父鬼而得痈疽方一部，因而有『鬼遗』之名。

③楮(chǔ)：又称构树、构桑，系落叶乔木，叶似桑。皮是制造桑皮纸和宣纸的原料，与叶、实均可入药，有多种功效。

④肠红：中医病证名，指大便出血。

【今译】

《鬼遗方》说：木耳治疗痔疮。

按语：桑树、槐树、楮树、榆树、柳树五种树所长的木耳最好，称为五木耳。《神农本草经》说：木耳有益于身体之气、不会饥饿，使身体轻快、使神志坚强。但是多种树木都生长木耳，好的性质、毒性随着木头性质的差异而区别。用木耳煮粥食用，还治疗肠红。木耳一定要煮到非常烂，味道寡淡而滑腻。

小麦①粥

《食医心镜》：治消渴。

按：兼利小便，养肝气，养心气，止汗。《本草拾遗》②曰：麦凉面温，麸③冷面热，备四时之气④，用以治热。勿令皮拆，拆则性热。须先煮汁，去麦加米。

【注释】

①小麦：指禾本科植物小麦的种子，含淀粉、蛋白质、糖类、糊精、脂肪、膳食纤维、维生素、矿物质等。其味甘、性凉，常用于养心益肾、除烦止渴等。参见本书『面粥』条注释①。

②《本草拾遗》：又名《陈藏器本草》，系唐朝医家陈藏器所撰本草书，收录七百余种中药。原书已佚失，内容散见于其它中医典籍。

③麸（fū）：即麦麸，指小麦加工面粉后剩下的碎皮，含膳食纤维、维生素、糖类、矿物质等。其味甘、性凉，常用于除热、止渴、消肿、润肤等。

④四时之气：即四季之气，指春之风、夏之暑、秋之燥、冬之寒。

【今译】

《食医心镜》说：小麦治疗消渴。

按语：小麦还通利小便，保养肝脏之气，保养心脏之气，制止汗。《本草拾遗》说：小麦性凉、带麸的面粉性温，麦麸性寒、去麸的面粉性热，具备四季之气，用来治疗热邪。不要让小麦的皮脱去，皮脱去之后就会性热。用小麦煮粥时，必须先用小麦煮好汁液，去除小麦再加米。

菱[1]粥

《纲目》方：益肠胃，解内热[2]。

按：《食疗本草》曰：菱不治病，小有补益。种不一类，有野菱生陂塘[3]中，壳硬而小，曝干煮粥，香气较胜。《左传》[4]『屈到嗜芰[5]』，即此物。

【注释】

①菱：即菱角，菱科水生植物菱的果实，含淀粉、蛋白质、糖类、氨基酸、维生素、胡萝卜素、矿物质等，果肉可生食。其味甘、性凉，常用于清热解暑、除烦止渴、益气健脾等。

②内热：又称内火，中医病证名，指体内火邪滋生、血液与津液等过度消耗亏损。有实热、虚热两种。

③陂(bēi)塘：池塘。

④《左传》：又名《春秋左氏传》《左氏春秋》等，系春秋末年鲁国史官左丘明为《春秋》做注解的一部史书。

⑤屈到嗜芰(jì)：屈到嗜好菱角。屈到，春秋时期楚国大夫。芰，菱角。

【今译】

《纲目》的食方说：菱角有益于肠胃，解除内热。

按语：《食疗本草》说：菱角不治病，稍稍有一些补益。菱角的品种不是一个类别。有生长在池塘中的野菱，壳硬而小，晒干后煮粥，香气比较突出。《左传》中说『屈到嗜芰』，就是这个东西。

淡竹叶[1]粥

慈山参入。

按：春生苗，细茎绿叶似竹，花碧色，瓣如蝶翅。除烦热，利小便，清心[2]。《纲目》曰：淡竹叶煎汤煮饭，食之能辟暑。煮饭曷若[3]煮粥，尤妥。

【注释】

①淡竹叶：禾本科草本植物，含黄酮类、糖类、氨基酸、矿物质等，味甘淡，性寒，常用于清热除烦、利尿通淋等。

②清心：中医术语，指清除心包的热邪。

③曷若：不如。

【今译】

这个粥方由曹庭栋加入。

按语：淡竹叶在春天长苗，细茎绿叶像竹子，花是青绿色，花瓣像蝴蝶的翅膀。淡竹叶祛除烦热，通利小便，清除心包的热邪。《纲目》说：用淡竹叶煮汤、煮饭，食用之后能避开暑气。用淡竹叶煮饭不如煮粥，煮粥尤其稳妥。

贝母①粥

《资生录》②：化痰，止嗽，止血。研入粥。

按：兼治喉痹③目眩④及开郁⑤。独颗者有毒。《诗》云：言采其虻⑥。虻本作莔。《尔雅》：莔，贝母也。诗⑦本不得志而作，故曰采虻，为治郁也。

【注释】

①贝母：百合科植物贝母的鳞茎，含生物碱、蛋白质、膳食纤维、矿物质等，可作为食材。其味苦甘，性寒，干燥或磨粉入药，常用于润肺化痰、散结消痈、清热抗菌等。

②《资生录》：即《资生经》，又名《针灸资生经》，系南宋医家王执中所撰针灸书。

③喉痹：中医病证名，即现代医学所说的咽炎。

④目眩：中医病证名，指眼前发黑、视物昏花迷乱。

⑤开郁：中医术语，指治疗因情志郁结而引起气滞的方法。

⑥言采其虻（méng）：采摘贝母治疗情志郁结。《诗经·国风·载驰》：『陟彼阿丘，言采其虻。』

⑦诗：指有『言采其虻』之句的诗歌，即《诗经·国风·载驰》。

【今译】

《资生录》说：贝母化痰，止咳，止血。将贝母研磨成粉加进粥里。

按语：贝母兼治喉痹、目眩及治疗因情志郁结而引起的气滞。独颗的贝母有毒。《诗经》说：『言采其虻』。虻，本来是莔。《尔雅》说：『莔，贝母也。』这首诗本来是因为不得志而作的，所以说『采虻』，是为了治疗情志郁结。

竹叶[1]粥

《奉亲养老书》[2]：治内热，目赤[3]，头痛。加石膏[4]同煮，再加沙糖。此即仲景[5]『竹叶石膏汤』之意。

按：兼疗时邪发热[6]。或单用竹叶煮粥，亦能解渴除烦。

【注释】

①竹叶：禾本科植物竹的叶子。参见本书『老老恒言·粥谱』之『淡竹叶粥』注释①。

②《奉亲养老书》：又名《养老奉亲书》，系北宋官员陈直所撰养生书，内容主要为老人保健、四时摄养、疾病治疗等，是我国现存最早的老年病学专著。元朝时，医家邹铉将此书由一卷增补为四卷，并更名为《寿亲养老新书》。

③目赤：中医病证名，俗称火眼，指眼结膜充血。

④石膏：含水硫酸钙的矿石。中医认为，石膏味甘、辛，性大寒，入药用于清热泻火、除烦止渴、敛疮生肌、收湿止血等。生用或煅烧后用均可。

⑤仲景：即张仲景。张仲景，名机，字仲景，东汉末年医学家，被后人尊称为医圣。其著作《伤寒杂病论》对中医影响深远。

⑥时邪发热：由与季节相关的病邪导致的发热。

【今译】

《奉亲养老书》说：竹叶治疗内热，目赤，头痛。加石膏一起煮，再加砂糖。这就是张仲景所说的『竹叶石膏汤』的意思。

按语：竹叶还治疗由与季节相关的病邪导致的发热。或者单独使用竹叶煮粥，也能解除烦渴。

竹沥[1]粥

《食疗本草》：治热风[2]。又《寿世青编》[3]：治痰火[4]。

按：兼治口疮、目痛、消渴及痰在经络四肢[5]。非此不达。粥熟后加入。《本草补遗》[6]曰：竹沥清痰，非助姜汁不能行。

【注释】

①竹沥：详见本书『御米粥』注释④。

②热风：中医病证名，指身体的部位受到风邪挟热的侵袭而发生病变。

③《寿世青编》：又名《寿世编》，清代医家尤乘所撰养生书。

④痰火：中医病证名，指痰和火积于肺导致的病变。

⑤痰在经络四肢：痰饮停留于身体内和四肢。清朝医家张璐所撰《张氏医通》云：『痰属湿热，乃津液所化。因风寒湿热之感，或七情饮食所伤，以致气逆液浊，变为痰饮。或吐咯上出，或凝滞胸膈，或留聚肠胃，或客于经络四肢。随气升降，遍身上下无处不到。』经络，中医术语，指联络全身各个部分的通道，是人体功能的调控系统。

⑥《本草补遗》：即《本草衍义补遗》，属本草类典籍，系元代医家朱丹溪对寇宗奭所撰《本草衍义》的补订而成。参见本书『柏叶粥』注释⑥。

【今译】

《食疗本草》说：竹沥治疗热风。另外《寿世青编》说：竹沥治疗痰火。

按语：竹沥兼治口疮、目痛、消渴及痰饮停留于身体内和四肢。不是竹沥不能达到这个目的。粥煮熟后加入竹沥。《本草补遗》说：竹沥清除痰饮，不用姜汁辅助不能起作用。

牛乳[1]粥

《千金翼》：白石英[2]、黑豆[3]饲牛，取乳作粥，令人肥健。

按：兼健脾、除疸黄[4]。《本草拾遗》云：水牛胜黄牛。又芝麻磨酱，炒面煎茶，加盐，和入乳，北方谓之面茶，益老人。

【注释】

①牛乳：即牛奶，含维生素、蛋白质、脂肪、氨基酸、矿物质、抗体、免疫因子、活性酶等。其味甘、性微寒，常用于补虚损、益肺胃、生津润燥、养血解毒等。

②白石英：氧化类矿物石英的白色矿石，含二氧化硅及微量矿物质。其味甘、性温，常用于温肺肾、安心神、利小便。

③黑豆：又称乌豆、黑大豆，豆科植物大豆的黑色种子，含蛋白质、脂肪、膳食纤维、维生素、胡萝卜素、氨基酸、矿物质、活性物质等。其味甘、性平，常用于补脾、利水、解毒等。黑豆与黄豆同为大豆类。

④疸黄：又名胆黄、胆疸、黄疸，中医病证名，指风湿瘀结不散、热气郁蒸造成身体发黄的病证。中医有九疸、三十六黄之说。

【今译】

《千金翼方》说：用白石英、黑豆喂养牛，取牛乳煮粥，使人肥硕健壮。

按语：牛乳还健运脾气、祛除黄疸。《本草拾遗》说：水牛的乳比黄牛的乳好。另外，将芝麻磨成酱，用于炒面、煎茶，加盐，加进牛乳拌和，北方地区称它为面茶，对老人有益。

鹿肉①粥

慈山参入。

关东有风干鹿肉条，酒微煮，碎切作粥，极香美。补中，益气力，强五藏。《寿世青编》曰：鹿肉不补，反痿人阳②。按：《别录》指茸③能痿阳，盖因阳气上升之故。

【注释】

①鹿肉：鹿科动物梅花鹿或马鹿的肉，含蛋白质、脂肪、维生素、氨基酸、矿物质、酶类、固醇类、激素等，肉质细嫩，味道鲜美，可烹制多种菜肴。其味甘，性温，常用于益气助阳、养血祛风等。参见本书『鹿尾粥』注释①。

②痿人阳：使人的阳气萎缩。

③茸：即鹿茸，指梅花鹿或马鹿的雄鹿未骨化、带茸毛的幼角，含磷脂、糖脂、胶脂、激素、脂肪酸、氨基酸、蛋白质、矿物质等。其味甘咸，性温，是名贵的中药材，常用于壮阳益精、补气血、强筋骨等。

【今译】

这个粥方由曹庭栋加入。

关东产有风干的鹿肉条，用酒稍微煮一下，切碎煮粥，味道极其香美。鹿肉补充脾胃之气，增加气力，使五脏强健。《寿世青编》说：鹿肉没有补养，反而使人的阳气萎缩。按语：《别录》说鹿茸能使人的阳气萎缩，大概是因为阳气上升的缘故。

淡菜①粥

《行厨记要》②：止泄泻③，补肾。

按：兼治劳伤④，精血衰少，吐血，肠鸣⑤，腰痛，又治瘿⑥，与海藻⑦同功。《刊石药验》⑧曰：与萝卜或紫苏、冬瓜入米同煮，最益老人。酌宜用之。

【注释】

①淡菜：贻贝科动物贻贝(又称海虹、青口)的肉煮熟后加工成的干品，含蛋白质、糖类、脂肪、维生素、矿物质等。其味甘咸，性温，常用于补肝肾、益精血、消瘿(yǐng)瘤等。鲜活贻贝是大众化的海鲜食材。

②《行厨记要》：据《老老恒言》，此书作者为冯耘庐，余不详。

③泄泻：中医病证名，指排便次数多，便如稀溏，甚至泄如水样，相当于现代医学的腹泻。

④劳伤：中医病证名，指过度劳累造成的内伤。

⑤肠鸣：中医术语，指肠子蠕动时，肠中液体或气体流动产生的响声。

⑥瘿：即瘿病，中医病证名，指气滞、痰凝、血瘀壅结在颈前，造成喉结两旁结块肿大。

⑦海藻：即海洋藻类，包括海带、紫菜、裙带菜、石花菜等，含蛋白质、多糖、膳食纤维、维生素、氨基酸、矿物质等，是大众化的食材。其味苦咸，性寒，常用于软坚消痰、利水退肿等。

⑧《刊石药验》：据《本草纲目》等，此书系五代后唐时期的医书，余不详。

【今译】

《行厨记要》说：淡菜制止泄泻，补肾。

按语：淡菜兼治劳伤，精血减少，吐血，肠鸣，腰痛，还治疗瘿病。它的功效与海藻相同。《刊石药验》说：淡菜与萝卜或紫苏、冬瓜加进米里煮，对老人最有用。应该斟酌具体情况使用淡菜。

鸡汁[1]粥

《食医心镜》：治狂疾[2]，用白雄鸡[3]。又《奉亲养老书》：治脚气，用乌骨雄鸡[4]。

按：兼补虚养血。巽为风为鸡[5]。风病[6]忌食。陶弘景[7]《真诰》[8]曰：养白雄鸡可辟邪，野鸡不益人。

【注释】

①鸡汁：即鸡汤。

②狂疾：即狂病。

③白雄鸡：即白公鸡。《本草纲目》：『白雄鸡得庚金太白之象，故辟邪恶者宜之。』

④乌骨雄鸡：即乌骨鸡（又称乌鸡）的公鸡。

⑤巽（xùn）为风为鸡：出自《周易·易传·说卦传》。巽，《易经》六十四卦中第五十七卦。巽为风，指巽卦的卦象。《易经》：『象曰：随风，巽。君子以申命行事。』《周易正义》：『巽主号令，鸡能知时，故为鸡也。』

⑥风病：中医病证名，指由外感风邪或脏腑、阴阳、气血失调而虚风内生所引起的各种疾病。

⑦陶弘景（四五六—五三六）：南朝时医家、炼丹家、文学家，秣陵（今江苏南京）人，号华阳隐居。他是道教重要派别上清派的承传者。

⑧《真诰》：陶弘景所撰的道教典籍，主要介绍道教上清派的历史、传记和方术等，对道教其他派别也有所涉及。

【今译】

《食医心镜》说：鸡汁治疗狂病，用白公鸡。另外《奉亲养老书》说：鸡汁治疗脚气，用乌公鸡。

按语：鸡汁还补充体虚、滋养血虚。巽是风，是鸡。患风病的人不要食用。陶弘景《真诰》说：饲养白公鸡可以辟邪，野鸡对人没有好处。

鸭汁[1]粥

《食医心镜》：治水病[2]垂死，青头鸭[3]和五味煮粥。

按：兼补虚除热，利水道，止热痢[4]。《禽经》[5]曰：白者良，黑者毒；老者良，嫩者毒。野鸭尤益病人，忌同胡桃[6]、木耳、豆豉食。

【注释】

①鸭汁：鸭汤。

②水病：中医病证名，指水肿病。

③青头鸭：又称花头鸭，头顶有一条青色的羽毛，故名。

④热痢：中医病证名，指热邪侵袭肠胃导致的痢疾。

⑤《禽经》：我国早期的鸟类志。通常认为作者是春秋时期的师旷，但有争议。

⑥胡桃：即核桃。

【今译】

《食医心镜》说：鸭汁治疗患水病快死的人，用青头鸭与酸、苦、甘、辛、咸五种味道的佐料一起煮粥。

按语：鸭汁补充体虚、祛除热邪，通利水道，制止热痢。《禽经》说：白色的鸭好，黑色的鸭有毒性；老鸭好，嫩鸭有毒性。野鸭尤其对病人有益，不要与核桃、木耳、豆豉一起食用。

海参[1]粥

《行厨记要》：治痿[2]，温下元[3]。

按：滋肾补阴。《南闽记闻》[4]言捕取法：令女人裸体入水，即争逐而来。其性淫也。色黑入肾[5]，亦从其类。先煮烂，细切入米，加五味。

【注释】

①海参：刺参科动物刺参或海参的全体，含蛋白质、脂肪、维生素、糖类、胆固醇、矿物质等，既是珍贵的食材，也是名贵的中药材。其味甘咸，性温，常用于补肾、益精髓、摄小便、壮阳疗痿等。

②痿：阳痿。

③下元：中医术语，指下焦元气，即肾脏之气。中医将人体的躯干划分为上焦、中焦、下焦三个部位：横膈以上的内脏器官为上焦，包括心、肺；横膈以下至脐内的脏器官为中焦，包括脾、胃、肝、胆；脐以下的内脏器官为下焦，包括肾、大肠、小肠、膀胱。

④《南闽记闻》：古时记录南闽地区（今浙江南部、福建一带）风土人情的笔记，其余不详。

⑤色黑入肾：颜色黑的食物增加肾脏之气。中医认为，红色入心，绿色入肝，白色入肺，黄色入脾，黑色入肾。

【今译】

《行厨记要》说：海参治疗阳痿，温和下元。

按语：海参滋润肾、补充阴气。《南闽记闻》记载了捕取海参的办法：让女人裸体下水，立即争相追逐海参。它的性质放纵。颜色黑的海参增加肾脏之气，也和其它黑色的食材一样。先将海参煮烂，切细、放入米中，加进酸、苦、甘、辛、咸五种味道的佐料一起煮。

白鲞①粥

《遵生八笺》：开胃悦脾。

按：兼消食，止暴痢②、腹胀。《尔雅翼》③曰：诸鱼干者皆为鲞，不及石首鱼④，故独得白名。《吴地志》曰：鲞字从美，下鱼。从鲞者非。煮粥加姜、豉。

【注释】

①白鲞（xiǎng）：又名黄鱼鲞，即黄鱼的干制品，含蛋白质、脂肪、矿物质、维生素等，既是美味的食材，又是名贵的中药材。其味甘、性平，常用于开胃消食、健脾补虚等。

②暴痢：中医病证名，指起病急骤、高热、腹痛的痢疾。

③《尔雅翼》：南宋官员罗愿所撰训诂书。其内容为解释《尔雅》中的草木鸟兽虫鱼等各种物名，以作为《尔雅》辅翼，故得此名。

④石首鱼：即黄花鱼。

【今译】

《遵生八笺》说：白鲞开胃悦脾。

按语：白鲞还消食，制止暴痢、腹胀。《尔雅翼》说：各种鱼的干制品都叫鲞，不如黄花鱼，因此独自得到『白』名。《吴地志》说：鲞字从美，下面是鱼字。从鲞的说法不对。用白鲞煮粥加生姜、豆豉。

下品三十七

酸枣仁①粥

《圣惠方》：治骨蒸②不眠。水研滤汁煮粥，候熟，加地黄③汁再煮。

按：兼治心烦，安五藏，补中益肝气。《刊石药验》云：多睡生用，便不得眠；炒熟用，疗不眠。

【注释】

①酸枣仁：鼠李科植物酸枣的成熟种子，含蛋白质、脂肪、维生素、矿物质、甾醇、三萜类、酸枣仁皂甙等。其味甘酸，性平，常用于养心补肝、宁心安神、敛汗生津。

②骨蒸：又称痨瘵（zhài），中医病证名，即现代医学的结核病。《外台秘要·卷十三》：『骨髓中热，称为骨蒸。』

③地黄：玄参科植物地黄的新鲜或干燥块根，含甘露醇、梓醇、糖类、氨基酸、地黄素、生物碱、矿物质等。其味甘，性寒，常用于清热生津、凉血止血等。地黄入药时，有干地黄、生地黄、熟地黄之分，功效略有差异。

【今译】

《圣惠方》说：酸枣仁治疗由骨蒸造成的失眠。用水研磨酸枣仁、过滤出汁液，然后煮粥，等粥熟，加进地黄汁液再煮。

按语：酸枣仁兼治心烦，安稳五脏，补充脾胃之气、有益于肝气。《刊石药验》说：嗜睡用生地黄，就可以不睡；将地黄炒熟使用，治疗失眠。

车前子[1]粥

《肘后方》[2]：治老人淋病，绵裹[3]入粥煮。

按：兼除湿，利小便，明目，亦疗赤痛[4]，去暑湿[5]，止泻痢。《服食经》云：车前一名地衣，雷之精[6]也。久服身轻，其叶可为蔬。

【注释】

①车前子：为车前科植物车前或平车前的成熟种子，含黏液、蛋白质、多种活性物质、多糖、琥珀酸、胆碱、腺嘌呤、脂肪酸等。其味甘，性寒，常用于利水、清热、明目、祛痰等。

②《肘后方》：又称《肘后救卒方》《肘后备急方》，内容为一些常见病症的简便疗法和急救疗法，作者系东晋道教学者、著名炼丹家葛洪。它被称为中国医学史上第一本『临床实用手册』。

③绵裹：用纱布裹起来。

④赤痛：中医术语，指疼痛，且疼痛的部位呈烧灼样。赤，热证的表现。

⑤暑湿：中医病证名，即暑热挟湿，多发于夏令时节。

⑥雷之精：雷的精华。车前在春雷乍响的时候生长，故有此说。

【今译】

《肘后方》说：车前子治疗老人的淋证，用纱布将它裹起来，放进粥里煮。

按语：车前子还除去湿邪，通利小便，明目，也治疗赤痛，除去暑湿，制止泻痢。《服食经》说：车前又叫地衣，是雷的精华。长期食用它使身体轻快。它的叶子可以作蔬菜。

肉苁容①粥

陶隐居②《药性论》③：治劳伤、精败、面黑。先煮烂，加羊肉汁和米煮。

按：兼壮阳，润五藏，暖腰膝，助命门④相火⑤，凡不足者，以此补之。酒浸，刷去浮甲，蒸透用。

【注释】

①肉苁（cōng）容：即肉苁蓉，列当科植物肉苁蓉的肉质茎，含氨基酸、维生素、矿物资、苷类、黏多糖等，是名贵的中药材，有『沙漠人参』的美誉。其味甘咸，性温，常用于补肾阳、益精血、润肠道等。

②陶隐居：即陶弘景。隐居是陶弘景的号。详见本书『鸡汁粥』注释⑦。

③《药性论》：叙述中药药性的典籍，内容涉及释名、功效主治、炮制、禁忌、附方等。此书作者有四种说法：一是唐代医家甄权，二是不著撰人名氏，三是陶隐居。

④命门：中医术语，指人体生命的根本。《难经·三十六难》：『命门者，诸精神之所舍，元气之所系也。』但是，命门所指部位尚无定论。常见的有三种说法：一指肾脏，二指眼睛，三指命门穴。

⑤相火：中医术语，与君火相对。《素问·天元纪大论》：『君火以明，相火以位。』君火，指使事物生长和变化的最高主持者和动力。相火是在君火指挥下发挥作用，促进生物成长变化或人体生长发育的火，是君火作用的具体落实。

【今译】

陶弘景《药性论》说：肉苁蓉治疗劳伤、精气衰败、面黑。先将肉苁蓉煮烂，加羊肉汤和米一起煮。

按语：肉苁蓉还壮阳，滋润五脏，温暖腰膝，有益于命门的相火；凡是命门相火不足的，用它补充。将肉苁蓉用酒浸泡，刷去表面的硬壳，蒸透使用。

牛蒡根[1]粥

《奉亲养老书》：治中风口目不动，心烦闷。用根曝干，作粉入粥，加葱、椒、五味。

按：兼除五藏恶气，通十二经脉[2]。冬月采根，并可作菹，甚美。

【注释】

①牛蒡(bàng)根：菊科植物牛蒡的根，含菊糖、挥发油、牛蒡酸、多酚类、醛类、膳食纤维、氨基酸等。其味苦、微甘，性凉，常用于散风热、消毒肿等。牛蒡的茎叶、果实均可入药。

②十二经脉：中医术语，指人体手、足三阴三阳十二条主要经脉的合称。十二经脉是中医经络理论的重要内容。

【今译】

《奉亲养老书》说：牛蒡根治疗中风造成的口目不动，心里烦闷。将牛蒡根晒干，做成粉加进粥里，加大葱、辣椒及酸、苦、甘、辛、咸五种味道的佐料。

按语：牛蒡根还祛除五脏的损害身体之气，贯通十二经脉。牛蒡根在冬季里采取，并能做腌菜，味道很美。

郁李仁①粥

《独行方》②：治脚气肿，心腹满，二便③不通，气喘急④。水研绞汁，加薏苡仁入米煮。

按：兼治肠中结气⑤，泄五藏⑥，膀胱急痛。去皮，生蜜⑦浸一宿，漉⑧出用。

【注释】

①郁李仁：蔷薇科植物郁李的种仁，含苦杏仁甙、脂肪、挥发性有机酸、蛋白质、膳食纤维、淀粉、维生素、矿物质等。其味苦甘，性平，常用于润肺滑肠、下气利水等。

②《独行方》：即《韦氏独行方》，系唐朝官员韦宙所撰方书。原书已佚失，内容散见于其它中医典籍。

③二便：大便、小便。

④气喘急：即气息喘急，中医病证名，指肺失宣降、肺气上逆或气无所主导致的呼吸苦难。

⑤结气：又称气结，中医病证名，指气机（人体内气的正常运行机制）郁结。

⑥泄五藏：中医认为，五脏乃气的所藏之处，如果气久留不泄，则会致病。《素问·五脏别论》：『所谓五脏者，藏精气而不泻也，故满而不能实。』

⑦生蜜：即生蜂蜜，指自然成熟的蜂蜜，与加工蜂蜜相对。

⑧漉（lù）：过滤。

【今译】

《独行方》说：郁李仁治疗脚气造成的浮肿，心腹胀满，大便、小便不通畅，气息喘急。用水研磨郁李仁，绞出汁液，将薏苡仁加进米里，一起煮。

按语：郁李仁兼治肠子中的结气，泄五脏之气，膀胱骤痛。将郁李仁去皮，用生蜂蜜浸泡一夜，过滤出之后使用。

大麻仁①粥

《肘后方》：治大便不通。又《食医心镜》：治风水②腹大，腰脐重痛③，五淋④涩痛。又《食疗本草》：去五藏风⑤，润肺。

按：麻仁润燥之功居多。去壳煎汁煮粥。

【注释】

①大麻仁：详见本书『老老恒言·粥谱』之『苏子粥』注释④。

②风水：中医病证名，为水气病之一。《金匮要略方论》：水气病『有风水、有皮水、有正水、有石水、有黄汗』，『风水，其脉自浮，外证骨节疼痛，恶风』。

③重痛：中医术语，指疼痛并有沉重感。

④五淋：中医病证名，说法不一，常指血淋、石淋、气淋、膏淋、劳淋五种淋证。

⑤五藏风：中医病证名，指五脏感受风邪。

【今译】

《肘后方》说：大麻仁治疗大便不通畅。另外《食医心镜》说：大麻仁治疗风水造成的肚子胀大，腰脐部位的疼痛和沉重感，五淋涩痛。另外《食疗本草》说：大麻仁祛除五脏风，滋润肺。

按语：麻仁滋润燥气的功效居多。将麻仁的壳去掉，煮出汁液，用它煮粥。

榆皮①粥

《备急方》②：治身体暴肿，同米煮食，小便利，立愈。

按：兼利关节，疗邪热，治不眠。初生荚仁作糜食，尤易睡。嵇康③《养生论》④谓榆令人瞑也。捣皮为末，可和菜菹食。

【注释】

①榆皮：即榆树皮，含糖蛋白、多糖、甾醇、单宁等，具有食用价值。其味甘，性平，常用于利水、通淋、消肿等。

②《备急方》：即《随身备急方》，系唐代医家张文仲所撰临床急救手册。

③嵇(jī)康：三国时期曹魏思想家、音乐家、文学家，铚县(今安徽濉溪)人。

④《养生论》：嵇康所撰论述养生及养生途径的文章。

【今译】

《备急方》说：榆皮治疗身体突然肿胀，与米一起煮后食用，通利小便，很快就好。

按语：榆皮滑利关节，治疗热邪，治疗失眠。食用用刚长出的荚仁做的粥，尤其容易睡觉。嵇康《养生论》说榆树令人昏沉。将榆树皮捣成粉末，可以和菜一起腌着吃。

桑白皮[1]粥

《三因方》[2]：治消渴，糯谷炒拆白花[3]同煮。又《肘后方》治同。

按：兼治咳嗽吐血，调中下气。采东畔嫩根[4]，刮去皮，勿去涎[5]，炙黄用。其根出土者有大毒[6]。

【注释】

①桑白皮：又名桑根白皮、桑皮等，桑科植物桑的干燥根皮，含黄酮类、香豆素类、多糖类、香树精、谷固醇、挥发油、单宁等。其味甘辛，性寒，常用于泻肺平喘、利水消肿等。

②《三因方》：即《三因极一病证方论》，系南宋医家陈言所撰病因学专著，是后世中医论说病因的规范。

③拆白花：即玉米须，含维生素、氨基酸、矿物质、不饱和脂肪酸等。其味甘淡，性平，常用于利尿消肿、清肝利胆等。今人对其降血脂、降血糖功效颇为重视。

④东畔嫩根：朝向东边生长的嫩根。

⑤涎：粘液。

⑥大毒：中医术语，指气味、性能最猛烈的药物。《素问·五常政大论》：『大毒治病，十去其六；常毒治病，十去其七；小毒治病，十去其八；无毒治病，十去其九。』

【今译】

《三因方》说：桑白皮治疗消渴，用糯米炒玉米须，与桑白皮一起煮。另外《肘后方》中关于桑白皮的治疗效果与《三因方》相同。

按语：桑白皮兼治咳嗽吐血，调节脾胃之气、下气。采取朝向东边生长的桑树的嫩根，刮去皮，不要去掉其中的粘液，烤成黄色使用。长出土外桑树根的气味、性质最猛烈。

麦门冬[1]粥

《南阳活人书》[2]：治劳气[3]欲绝。和大枣、竹叶、炙草[4]煮粥。又《寿世青编》：治嗽及反胃。

按：兼治客热、口干、心烦。《本草衍义》曰：其性专泄不专收，气弱胃寒者禁服。

【注释】

①麦门冬：又名麦冬、不死药，是百合科植物沿阶草的块根，含皂甙、胡萝卜素、粘液、糖类、豆甾醇、氨基酸、维生素等。其味甘、微苦，性寒，常用于滋阴润肺、益胃生津、清心除烦等。

②《南阳活人书》：又名《伤寒类证活人书》，系北宋医家朱肱所撰伤寒病著作。

③劳气：中医病证名，指劳累导致精气耗伤。

④炙草：即炙甘草，指用蜂蜜烘制甘草的根或根茎。参见本书『枇杷叶粥』注释⑦。

【今译】

《南阳活人书》说：麦门冬治疗劳气欲死。与大枣、竹叶、炙甘草拌和，一起煮粥。另外《寿世青编》说：麦门冬治疗咳嗽及反胃。

按语：麦门冬兼治客热、口干、心烦。《本草衍义》说：麦门冬的性质是专门下泄，不是专门收敛；气弱胃寒的人禁止服用。

地黄[1]粥

《臞仙神隐书》[2]：利血生精。候粥热，再加酥蜜[3]。

按：兼凉血生血，补肾真阴[4]。生用寒，制熟用微温。煮粥宜鲜者。忌铜铁器。王旻[5]《山居录》[6]云：叶可作菜，甚益人。

【注释】：

①地黄：详见本书『酸枣仁粥』注释③。

②《臞（qú）仙神隐书》：明代宁王朱权所撰杂记，内容多叙述隐居习道、种植、饲养、兽方等日常诸事。

③酥蜜：酥酪与蜂蜜。酥酪，今称奶酪。

④真阴：又称元阴、肾阴等，是人体全身阴液的根本，滋润、濡养各个脏腑器官。明代医家张景岳所撰《类经图翼·真阴论》：『然经曰：肾者主水，受五脏六腑之精而藏之。故五液皆归乎精，而五精皆统乎肾，肾有精室，是曰命门，为天一所居，即真阴之腑。』

⑤王旻：唐玄宗（六八五—七六二）时期的道士。

⑥《山居录》：王旻所撰农书，主要记载植物栽培技术。有学者认为它是我国现存最早的种药专著。

【今译】

《臞仙神隐书》说：地黄通利血液、生发精气。等粥煮熟后，再加奶酪和蜂蜜。

按语：地黄还凉血，生血，补肾阴。生地黄使用时性质寒冷，地黄制熟使用时性质微温。煮粥适宜用鲜地黄。地黄忌接触铜器、铁器。王旻《山居录》说：地黄的叶子作蔬菜，对人非常有益。

吴茱萸[1]粥

《寿世青编》：治寒冷[2]、心痛、腹胀。又《千金翼》：酒煮茱萸[3]，治同。此加米煮，检④开口者，洗数次用。

按：兼除湿、逐风[5]、止痢。周处[6]《风土记》[7]：九日[8]以茱萸插头，可辟恶。

【注释】

①吴茱萸：指芸香科植物吴茱萸的果实，含有吴茱萸烯、吴茱萸内酯、吴茱萸碱、环磷酸鸟苷、柠檬苦素、黄柏酮、酮类、脂肪酸、矿物质等。其味辛、苦，性热，常用于散寒止痛、降逆止呕、助阳止泻等。

②寒冷：中医术语，指阳虚。中医认为，人体阳气虚衰、阳热不足，就会导致人体的机能减退或衰弱，出现畏寒怕冷的状态。

③茱萸：即吴茱萸。

④检：通『拣』。

⑤逐风：驱逐风邪。

⑥周处（二三六—二九七）：阳羡县（今江苏宜兴）人，西晋大臣。

⑦《风土记》：周处所撰江苏宜兴的地方风物志，内容大部分已散佚。

⑧九日：指农历九月初九。这一天是重阳节。

【今译】

《寿世青编》说：吴茱萸治疗寒冷、心痛、腹胀。另外《千金翼方》说：用酒煮吴茱萸，治相同的病。用吴茱萸加米煮，挑选开口的吴茱萸，清洗数次后使用。

按语：吴茱萸还祛除湿邪、驱逐风邪、制止痢疾。周处所撰《风土记》说：九月初九这一天，用茱萸插在头上，能驱邪避灾。

常山[1]粥

《肘后方》：治老年久疟[2]。秫米同煮，未发时服。

按：兼治水胀，胸中痰结[3]。截疟乃其专长。性暴悍，能发吐。甘草末拌蒸数次，然后同米煮，化峻厉为和平也。

【注释】

①常山：指虎耳草科植物常山的根，含常山碱、常山次碱、喹(kuí)唑(zuò)酮、常山素、伞形花内酯等。其味苦、辛，性寒，常用于涌吐痰涎、截疟等。

②久疟：中医病证名，指发作日久不愈之疟疾。

③胸中痰结：中医病症名，指痰饮留滞胸中而致结于胸者。

【今译】

《肘后方》说：常山治疗老年的久疟。用常山与秫米一起煮，在疟疾没有发作的时候服食。

按语：常山兼治水胀，胸中结痰。制止疟疾的发作是它的专长。常山性质猛烈强悍，能导致呕吐。用甘草末与常山拌在一起，蒸几次，然后与米一起煮，将它的严厉性质转化为和洽安宁。

白石英①粥

《千金翼方》：服石英②法：捶碎，水浸，澄清，每早取水煮粥，轻身延年③。

按：兼治肺痿④、湿痹、疸黄，实大肠。《本草衍义》曰：攻疾可暂用，未闻久服之益。

【注释】

①白石英：详见本书『牛乳粥』注释②。

②石英：指白石英。

③延年：古人认为，服用石英可以延年益寿、长生不老。道家丹药的成分即有白石英。

④肺痿：中医病证名，指肺叶萎缩软弱、不起作用。

【今译】

《千金翼方》说：服用白石英的方法是：将白石英捶碎，用水浸泡，使水变得清澈透明，每天早晨取这些水煮粥，使身体轻快、延长寿命。

按语：白石英兼治肺痿、湿痹、疸黄，使大肠坚实。《本草衍义》说：攻取疾病暂时可以用白石英，没有听说长期服用白石英的益处。

紫石英①粥

《备急方》：治虚劳惊悸②。打如豆，以水煮，取汁作粥。

按：兼治上气，心腹痛，咳逆邪气③。久服温中。盖上能镇心④，重以去怯⑤也；下能益肝，湿以去枯⑥也。

【注释】

①紫石英：卤化物类矿物萤石（又名氟石）的原矿石，含氟化钙、矿物质等。因色紫、透明而得名。其味甘、性温，常用于镇心安神、下气暖宫等。②惊悸：中医病证名，指心惊、悸动不宁。《诸病源候论·虚劳病诸候》：『虚劳损伤血脉，致令心气不足，因为邪气所乘，则使惊而悸动不定。』

③邪气：又作邪炁（qì），中医术语，指病邪，即致病的因素，如风、寒、暑、湿、燥、热（火）、食积、痰饮等。

④镇心：中医术语，指使心志镇定。

⑤怯：即气怯，中医术语，指虚弱而惊慌的症状。

⑥枯：即津枯，中医术语，指人体津液严重不足的症状。

【今译】

《备急方》说：紫石英治疗虚老造成的惊悸。将它打碎成像豆子一般大，用水煮，取汁液煮粥。

按语：紫石英兼治上气，心腹痛，导致咳嗽气喘的病邪。长期地服用温和脾胃之气。因为它对上能使心志镇定，性质重，能除去气怯；对下能有益于肝脏，性质湿润，能除去津枯。

慈石[1]粥

《奉亲养老书》：治老人耳聋。捶末，绵裹，加猪肾[2]煮粥。《养老书》[3]又方：同白石英水浸露地[4]，每日取水作粥，气力强健，颜如童子。

按：兼治周痹风湿，通关节明目。

【注释】

①慈石：即磁石，指天然磁铁，主要含四氧化三铁。其味咸，性寒，常用于镇惊安神、平肝潜阳、聪耳明目、纳气平喘等。

②猪肾：俗称猪腰子，指猪的肾脏，含维生素、蛋白质、脂肪、胆固醇、矿物质等。其味甘、性平，常用于补肾强腰、生津益气等。

③《养老书》：即《奉亲养老书》。

④露地：没有覆盖、遮蔽的地方。

【今译】

《奉亲养老书》说：慈石治疗老人耳聋。将慈石捶成粉末，用纱布裹起来，加进猪腰子，一起煮粥。《奉亲养老书》中另外的药方说：在露地里用水与慈石、白石英一起浸泡，每天取水煮粥，食用之后，人的气力会强健，面容像孩子一样。

按语：慈石兼治周痹、风湿，通利关节、明目。

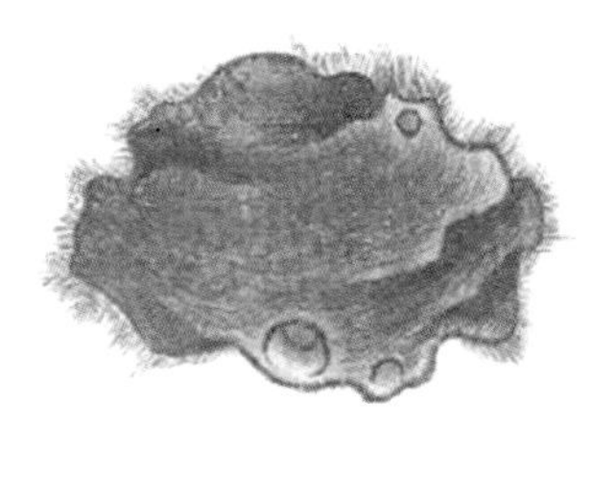

滑石①粥

《圣惠方》：治膈②上烦热。滑石煎水，入米同煮。

按：兼利小便，荡胸中积聚③，疗黄疸、石淋、水肿。《炮炙论》曰：凡用研粉，牡丹皮④同煮半日，水淘曝干用。

【注释】

①滑石：硅酸盐类矿物滑石的块状体，主要含硅酸镁。其味甘淡，性寒，常用于利尿通淋、清热解暑、祛湿敛疮等。

②膈：介于胸腔和腹腔之间的人体部位。《黄帝内经·灵枢·经脉》：『上膈属肺。』

③积聚：中医病证名，指腹内结块，或痛或胀。《诸病源候论·积聚病诸候》：『积聚者，由阴阳不和，腑脏虚弱，受于风邪，搏于腑脏之气所为也。』

④牡丹皮：又称丹皮，为毛茛科植物牡丹的干燥根皮，含牡丹酚、牡丹酚甙、牡丹酚原甙、芍药甙、挥发油、甾醇等。其味苦辛，性寒，常用于清热凉血、活血化瘀等。

【今译】

《圣惠方》说：滑石治疗膈上的烦热。用滑石与水煮，然后将米加进去，一起煮。

按语：滑石还通利小便，荡涤胸中的积聚，治疗黄疸、石淋、水肿。《炮炙论》说：凡是使用滑石，要磨成粉，与牡丹皮一起煮半天，用水淘洗，晒干之后使用。

白石脂①粥

《子母秘录》②：治水痢③不止。研粉和粥，空心服。

按：石脂有五种④，主治不相远，涩大肠、止痢居多。此方本治小儿弱不胜⑤药者，老年气、体虚羸⑥亦宜之。

【注释】

①白石脂：又名白陶土、高岭土等，系硅酸盐类矿物，主要含硅酸铝。其味甘酸，性平，常用于涩肠止血、养肺气、补骨髓等。

②《子母秘录》：唐朝医家许仁则所撰医书。原书已佚失，内容散见于其它中医典籍。

③水痢：中医病证名，指脾胃气虚、不能消化水谷所致的痢疾。

④石脂有五种：《本草纲目·五色石脂》：『本品质似石而性粘，故名五脂。有青石脂、黄石脂、黑石脂、白石脂、赤石脂等不同的类别，总称为五色五脂。』

⑤胜：能够承受。

⑥虚羸（léi）：虚损，中医术语，泛指血虚、气虚、阴虚、阳虚。

【今译】

《子母秘录》说：白石脂治疗水痢不停止。将白石脂研磨成粉末，拌和在粥里，空腹服食。

按语：石脂有五种，主要疗效相差无几，收涩大肠、制止痢疾占多数。这个粥方主要治疗身体虚弱、不能承受药力的小孩，气、身体虚损的老人也适用。

葱白[1]粥

《小品方》[2]：治发热头痛，连须和米煮，加醋少许，取汗愈。又《纲目》方：发汗解肌[3]，加豉。

按：兼安中，开骨节[4]，杀百药毒。用胡葱[5]良。不可同蜜食，壅气[6]害人。

【注释】

①葱白：百合科植物葱近根部的鳞茎，含蛋白质、糖类、膳食纤维、维生素、矿物质、烯丙基硫醚、挥发油、辣素等，是常用的调味品和食材。其味辛，性温，常用于发汗解表、散寒通阳等。

②《小品方》：又称《经方小品》，系南北朝时医家陈延之（一说东晋）所撰方书，内容包括诸科病证、急救与服食解散之法、药性、灸法等。

③解肌：中医术语，解除肌表的症状。肌，肌表，指人体的表层组织，也指与其它部位相较而言处于更浅层的人体部位。

④开骨节：中医术语，指使骨节强劲灵活。

⑤胡葱：又名火葱、蒜葱等，含槲皮醇、绣线菊甙、槲皮素等，可作为调味品及食材。其味辛，性温，常用于温中下气、消谷杀虫、疗肿毒等。《本草纲目·胡葱》：胡葱『状似大蒜而小，形圆皮赤，稍长而锐』。

⑥壅气：中医术语，指壅滞气机。

【今译】

《小品方》说：葱白治疗发热头痛。将连同根须的葱白和米一起煮，加一点儿醋，出汗就好。另外《纲目》中的药方说：用葱白发汗解肌，加豆豉。

按语：葱白还安稳中气，使骨节强劲灵活，去除多种药的毒性。使用胡葱好。葱白不能与蜂蜜一起食用，否则会壅滞气机而害人。

莱菔①粥

《图经本草》②：治消渴。生捣汁煮粥。又《纲目》方：宽中③下气。

按：兼消食、去痰、止咳、治痢，制面毒④。皮有紫、白二色。生沙壤者大而甘，生瘠地者小而辣，治同。

【注释】

①莱菔（fú）：即萝卜，又名罗服等，含糖分、香豆酸、咖啡酸、氨基酸、甲硫醇、维生素等，是常用的食材。其味甘辛，性凉，常用于消积滞、化痰热、宽中下气、解毒等。

②《图经本草》：北宋官员苏颂等编撰的图谱性本草著作，附图九百余幅。

③宽中：中医术语，指疏散郁气。

④面毒：即小麦面粉的毒性。《证本类草》：『小麦性寒，作面则温而有毒。』

【今译】

《图经本草》说：莱菔治疗消渴。用生莱菔捣出汁液煮粥。另外《纲目》中的药方说：莱菔宽中下气。

按语：莱菔兼消食、去痰、止咳、治疗痢疾，制服面粉的毒性。它的皮有紫色、白色两种颜色。生长在沙土中的莱菔个头大、味道甜，生长在贫瘠土壤中的莱菔个头小、味道辣，两者的治疗功效相同。

莱菔子[①]粥

《寿世青编》：治气喘[②]。

按：兼化食除胀，利大小便，止气痛[③]。生能升，熟能降；升则散风寒，降则定喘咳[④]。尤以治痰、治下痢厚重[⑤]有殊绩[⑥]。水研，滤汁，加入粥。

【注释】

①莱菔子：又称萝卜子等，系十字花科植物萝卜的成熟种子，含挥发油、脂肪油、芥子碱、菜子固醇、莱菔素等。其味辛、甘，性平，常用于消食除胀、降气化痰等。

②气喘：中医病证名，指呼吸困难。

③气痛：中医病证名，指气滞三焦所致的疼痛。清代医家沈金鳌所撰内科著作《杂病源流犀烛·诸气源流》：『气痛，三焦内外俱有病也。』

④喘咳：中医病证名，指气喘、咳嗽。

⑤厚重：中医术语，指严重的症状。

⑥殊绩：特殊的功效。

【今译】

《寿世青编》说：莱菔子治疗气喘。

按语：莱菔子还消食除胀，通利大便、小便，制止气痛。生的莱菔子能升气，熟的莱菔子能降气；升气就会祛散风寒，降气就会使气喘、咳嗽安定。莱菔子尤其对治痰、治症状严重的下痢有特殊的功效。用水研磨莱菔子，过滤出汁液，然后加进粥里。

菠菜[1]粥

《纲目》方：和中润燥。

按：兼解酒毒，下气止渴。根尤良。其味甘滑。《儒门事亲》[2]云：久病大便涩滞不通及痔漏[3]，宜常食之。《唐会要》[4]：尼波罗国[5]献此菜，为能益食味也。

【注释】

①菠菜：常用食材之一，含类胡萝卜素、维生素、膳食纤维、矿物质、辅酶等。其味甘，性凉，常用于疏利肠胃、解毒、通血脉、开胸膈等。

②《儒门事亲》：金朝医家张从正所撰中医论著，由论文汇编而成。

③痔漏：又名痔瘘，中医病证名，指痔疮与肛漏。

④《唐会要》：又称《新编唐会要》，记述唐代各项典章制度沿革变迁的史书，作者为北宋官员王溥。

⑤尼波罗国：即尼泊尔。

【今译】

《纲目》中的药方说：菠菜和缓脾胃之气、滋润燥气。

按语：菠菜还醒酒，下气止渴。它的根尤其好。它的味道甜、滑腻。《儒门事亲》说：长期生病、大便不通畅及痔漏，应该经常食用菠菜。《唐会要》说：尼泊尔曾向朝廷进献菠菜，因为能使食物的味道更鲜美。

甜菜[1]粥

《唐本草》[2]：夏月煮粥食，解热，治热毒痢[3]。又《纲目》方：益胃健脾。

按：《学圃录》[4]：甜本作菾，一名莙荙菜，兼止血，疗时行壮热[5]。诸菜性俱滑，以为健脾，恐无验。

【注释】

①甜菜：指叶用甜菜（与根甜菜相区别），含蛋白质、膳食纤维、胡萝卜素、维生素、矿物质等，可用来烹饪菜肴。其味甘，性凉，常用于清热解毒、行淤止血等。甜菜是一种重要的经济作物，可用于制糖及作为医药与轻工业产品的原料。

②《唐本草》：又称《新修本草》，系世界上第一部由国家颁布的药典，共收录八百余种药物，由唐朝药学家苏静主持编撰。

③热毒痢：中医病证名，指暑湿热毒导致的痢疾。

④《学圃录》：作者及内容不详。

⑤壮热：中医病证名，相当于现代医学所说的高热。

【今译】

《唐本草》说：夏天用甜菜煮粥食用，消除内热，治疗热毒痢。另外《纲目》中的药方说：甜菜对胃有益、健运脾气。

按语：《学圃录》说，甜本来是菾，又叫莙荙菜，它还止血，治疗四季不正之气导致的壮热。各种甜菜性质都滑腻，认为它健运脾气，恐怕没有验证。

秃菜根[1]粥

《全生集》[2]：治白浊。用根煎汤煮粥。

按：《本草》不载，其叶细绉[3]，似地黄叶，俗名牛舌头草，即野甜菜。味微涩，性寒，解热毒，兼治癣。《鬼遗方》云：捣汁，熬膏药贴之。

【注释】

①秃菜根：即野红菜头。红菜头，又称紫菜头，指根甜菜，含蛋白质、脂肪、糖分、甜菜碱、膳食纤维、矿物质等，可用作食材。其味甘辛，性平，常用于健脾化滞、宽中下气、清热解毒等。

②《全生集》：即《外科证治全生集》，又名《外科全生集》，由清代医家王维德整理祖传效方及自己亲治验方而成。

③细绉：细皱纹。绉，一种有皱纹的丝织品。

【今译】

《全生集》说：秃菜根治疗白浊。用秃菜根熬汤煮粥。

按语：《本草》没有记载秃菜根，它的叶子有细细的皱纹，像地黄的叶子，俗称牛舌头草，即野甜菜。秃菜根的味道微涩，性质寒冷，解除热毒。还治疗皮癣。《鬼遗方》说：用秃菜根捣出汁液，熬制膏药，贴在患皮癣的地方。

芥菜[1]粥

《纲目》方：豁痰辟恶。

按：兼温中止嗽，开利九窍[2]。其性辛热而散耗人真元[3]。《别录》谓能明目，暂时之快也。叶大者良，细叶有毛者损人。

【注释】

①芥菜：又称盖菜、挂菜，是一种常见蔬菜，含胡萝卜素、维生素、矿物质、蛋白质、膳食纤维等。其味辛，性温，常用于宣肺豁痰、温中利气等。芥菜的叶子通常用来腌制咸菜；种子既可磨粉（即芥末），又可榨油（即芥子油）。

②开利九窍：疏导九窍，使它们畅通。九窍，指人体的两眼、两耳、两鼻孔、口、尿道、肛门。

③真元：即元气。参见本书『择水第二』注释⑧。

【今译】

《纲目》中的药方说：芥菜化痰、祛除损害身体之气。

按语：芥菜还温和脾胃之气、制止咳嗽，疏导九窍并使它们畅通。它的性质辛热，消耗人的元气。《别录》说芥菜能使视力好，是暂时的愉快。叶子大的芥菜好，叶子细、有毛的芥菜损害身体。

韭叶[1]粥

《食医心镜》：治水痢。又《纲目》方：温中暖下[2]。

按：兼补虚壮阳，治腹痛。茎名韭白，根名韭黄。《礼记》[3]谓韭为丰本[4]，言美在根，乃茎之未出土者。治病用叶。

【注释】

①韭叶：即韭菜叶子。韭菜是常见蔬菜，含维生素、膳食纤维、胡萝卜素、矿物质等。其味辛、微酸，性温，常用于补肾温阳、行气理血、散瘀解毒等。韭菜的花葶和花均可作蔬菜食用，种子可入药。

②暖下：即温暖下元。下元，下焦元气，即肾脏之气。

③《礼记》：是中国古代一部重要的典章制度选集，内容主要为先秦的礼制，体现了先秦时期的儒家思想。相传此书为孔子的七十二弟子及其学生们所作，由西汉礼学家戴圣编撰而成。

④丰本：肥大的根部，也指韭菜。

【今译】

《食医心镜》说：韭叶治疗水痢。另外《纲目》中的药方说：韭叶温暖脾气之气及肾脏之气。

按语：韭叶兼补充虚弱、强壮阳气，治疗腹痛。韭菜的茎叫韭白，根叫韭黄。《礼记》说韭菜的根部肥大，是指它优质之处在于根，即没有长到土的外面的茎。治病用韭菜的叶子。

韭子[1]粥

《千金翼》：治梦泄遗尿[2]。

按：兼暖腰膝，治鬼交[3]甚效，补肝及命门，疗小便频数[4]。韭乃肝之菜，入足厥阴经[5]。肝主泄[6]，肾主闭[7]。止泄精尤为要品。

【注释】

①韭子：又称韭菜子，系韭菜的种子，含硫化物、甙类、维生素、氨基酸、矿物质等。其味甘辛，性温，常用于补益肝肾、壮阳固精等。

②梦泄遗尿：中医病证名，指熟睡时遗精、排尿。

③鬼交：中医术语，即梦交。

④小便频数：小便次数增多，即尿频。

⑤足厥阴经：即足厥阴肝经，简称肝经，系十二经脉之一。它的循行路线从大脚指的指甲后之处开始，沿足背向上至小腹，在胃的两旁。

⑥肝主泄：中医术语，指肝脏具有疏通、畅达全身气机的作用。主，主持、掌管。泄，疏泄。

⑦肾主闭：中医术语，指肾脏封藏精气、使其不断充盈的作用。闭，闭藏。

【今译】

《千金翼方》说：韭子治疗梦泄、遗尿。

按语：韭子还温暖腰膝，治疗梦交很有效果，补养肝脏及命门，治疗尿频。韭菜是与肝脏相关的蔬菜，治疗与足厥阴经相关的疾病。肝脏主疏泄，肾脏主闭藏。它尤其是制止遗精的重要药物。

苋菜[1]粥

《奉亲养老书》：治下痢。苋菜煮粥食，立效。

按：《学圃录》：苋类甚多，常有者白、紫、赤三种。白者除寒热[2]，紫者治气痢[3]，赤者治血痢[4]。并利大小肠。治痢初起为宜。

【注释】

①苋（xiàn）菜：常见蔬菜之一，含蛋白质、脂肪、膳食纤维、胡萝卜素、维生素、矿物质等。其味甘，性寒，常用于清热解毒、利尿除湿等。

②寒热：中医病证名，指怕冷发热的病证，亦指发烧或疟疾。

③气痢：中医病证名，指由寒气造成的便赤白的痢疾。北宋时宋徽宗敕修医书《圣济总录》：『论曰：气痢者，由冷气停于肠胃间，致冷热不调，脾胃不和，腹胁虚满，肠鸣腹痛。便痢赤白，名为气痢。』

④血痢：中医病证名，指大便中带血较多或全部为血的痢疾。

【今译】

《奉亲养老书》：苋菜治疗下痢。用苋菜煮粥食用，立即有效果。

按语：《学圃录》说：苋菜的种类很多，常见的有白色、紫色、红色三种。白色的苋菜解除寒热病，紫色的苋菜治疗气痢，红色的苋菜治疗血痢。苋菜还通利大肠、小肠。用苋菜治疗痢疾，适合在病刚起的时候。

鹿肾[1]粥

《日华子本草》：补中，安五藏，壮阳气。又《圣惠方》：治耳聋。俱作粥。

按：肾俗名腰子，兼补一切虚损。麋类鹿，补阳宜鹿，补阴宜麋。《灵苑记》[2]有鹿补阴、麋补阳之说，非。

【注释】

①鹿肾：又称鹿鞭、鹿冲等，指梅花鹿或马鹿的阴茎和睾丸，含脂肪、蛋白质、维生素、矿物质等。其味甘咸，性温，常用于补肾精、壮肾阳、强腰膝等。

②《灵苑记》：即《灵苑方》，系北宋科学家沈括所撰方书。原书佚失，散见于其它典籍。

【今译】

《日华子本草》说：鹿肾补养脾胃之气，安稳五脏，强壮阳气。另外《圣惠方》说：鹿鞭治疗耳聋。这些疗法都是煮粥。

按语：肾俗称腰子，还补养一切虚损。麋类似于鹿，补养阳气适宜用鹿，补养阴气适宜用麋。《灵苑记》中有鹿补养阴气、麋补养阳气的说法，不对。

羊肾①粥

《饮膳正要》②：治阳气衰败，腰脚痛。加葱白、枸杞叶，同五味煮汁，再和米煮。又《食医心镜》：治肾虚精竭，加豉汁、五味煮。

按：兼治耳聋脚气。方书每用为肾经③引导④。

【注释】

①羊肾：指羊的肾脏，含蛋白质、脂肪、维生素、矿物质等。其味甘，性温，常用于补肾气、益精髓等。

②《饮膳正要》：元代医家忽思慧所撰营养学专著。

③肾经：即足少阴肾经，是十二经脉之一。其循行路线开始于小脚趾之下，经足心、小腿、大腿至腹部，从肾上行进入肺，沿喉咙至舌根两旁。

④引导：作为药引子，使其它药进入（肾经）之中。

【今译】

《饮膳正要》说：羊肾治疗阳气衰败，腰痛、脚痛。使用时，加葱白、枸杞叶、与酸、苦、甘、辛、咸五种味道的调料一起煮出汁液，然后再与你一起煮。另外《食医心镜》说：羊肾治疗肾虚、精竭，加豉汁及酸、苦、甘、辛、咸五种味道的调料，一起煮。

按语：羊肾兼治耳聋、脚气。方书大都用羊肾作为肾经的药引子，使其它药进入肾经之中。

猪髓①粥

慈山参入。

按：《养老书》：猪肾粥加葱，治脚气。《肘后方》：猪肝粥加　豆，治溲涩②，皆罕补益。肉尤动风③，煮粥无补。《丹溪心法》④：用脊髓治虚损补奶，兼填骨髓，入粥佳。

【注释】

①猪髓：指猪的骨髓或脊髓，含蛋白质、氨基酸、维生素、矿物质等，是常用食材。其味甘，性寒，常用于补精髓、益肾阴、生肌肉等。

②溲涩：中医病证名，指小便不通畅。

③动风：中医术语，指使风邪运动。

④《丹溪心法》：综合性医书，由元代医家朱丹溪的学生辑录其平素所述而成。

【今译】

这个粥方由曹庭栋加入。

按语：《奉亲养老书》说：猪肾粥加葱，治疗脚气。《肘后方》说：猪肝粥加绿豆，治疗溲涩，都有罕见的补益。猪肉尤其使风邪运动，用它煮粥没有益处。《丹溪心法》说：用猪的脊髓治疗虚损、补阴，还填充骨髓，放进粥里好。

猪肚[1]粥

《食医心镜》：治消渴饮水。用雄猪肚煮取浓汁，加豉作粥。

按：兼补虚损，止暴痢，消积聚。《图经本草》曰：四季月[2]宜食之。猪水畜[3]而胃属土[4]，用之以胃治胃也。

【注释】

①猪肚：指猪的胃，含维生素、蛋白质、脂肪、矿物质等，是常用的食材。其味甘，性温，常用于补虚损、健脾胃等。

②四季月：指每个季节的最后一个月。一年四季，故名四季月。古时阴历的历法中，每个季节有三个月，分别为孟月、仲月、季月。

③猪水畜：猪是水畜。古人以五行配五种牲畜：鸡为木畜，羊为火畜，牛为土畜，犬为金畜，豕（猪）为水畜。

④胃属土：古人认为五行各有特性：金生绚丽，变革香宝；木生苗长，登发升高；水生滋润，寒冻酷冽；火生炎热，燥闷引烦；土生融和，万物绿化。五脏、六腑与五行相联系：火为心之苗，木为肝之本，土为脾之围，金为肺之根，肾为水之源；胆属木，小肠属火，膀胱属水，大肠属金，胃属土。

【今译】

《食医心镜》说：猪肚治疗由消渴导致的饮水不止。用公猪的猪肚煮出浓汁，加豆豉一起煮粥。

按语：猪肚还补养虚损，制止暴痢，消除积聚。《图经本草》说：在四个季节的最后一个月中适宜食用猪肚。猪是水畜，而胃属土，用猪肚是以猪的胃治疗人的胃。

羊肉①粥

《饮膳正要》：治骨蒸久冷②。山药蒸熟，研如泥，同肉下米作粥。

按：兼补中益气，开胃健脾，壮阳滋肾，疗寒疝③。杏仁同煮则易糜，胡桃同煮则不膻，铜器煮损阳。

【注释】

①羊肉：含蛋白质、脂肪、维生素、矿物质等，是常见的食材。其味甘，性温，常用于补虚祛寒、温补气血、益肾气、助元阳、益精血等。

②骨蒸久冷：由骨蒸造成的长时间寒冷。

③寒疝：中医病证名，急性腹痛的一种。《圣济总录》：『论曰：寒疝为病，阴冷内积，卫气不行，结于腹内，故遇寒则发，其状恶寒不欲食。手足逆冷，绕脐痛，白汗出。』

【今译】

《饮膳正要》说：羊肉治疗由骨蒸造成的长时间寒冷。将山药蒸熟，研磨成像泥的样子，与羊肉一起加进米里煮。

按语：羊肉还补养脾胃之气、有益于身体之气，开胃健脾，壮阳滋肾，治疗寒疝。用杏仁一起煮，羊肉就容易烂；用胡桃一起煮，羊肉就不会有膻味；用铜器煮，就会损害羊肉的阳气。

羊肝[1]粥

《多能鄙事》[2]：治目不能远视。羊肝碎切，加韭子炒研，煎汁，下米煮。

按：兼治肝风虚热[3]，目赤，及病后失明。羊肝能明目，他肝则否，青羊[4]肝尤验。

【注释】

①羊肝：指羊的肝脏，含蛋白质、脂肪、矿物质、维生素等。其味甘苦，性温，常用于养血、补肝、明目等。

②《多能鄙事》：成书于明代初期，内容味日常生活中必备的知识。相传为明代政治局、军事家、文学家刘基（即刘伯温）所撰。

③肝风虚热：由肝风造成的虚热。肝风，中医病证名，指肝脏受风邪或内生风邪而导致的病证。

④青羊：即斑羚，又称山羊、野山羊等。它现在是国家一级保护动物，已濒临灭绝。

【今译】

《多能鄙事》说：羊肝治疗眼睛不能远视。将羊肝切碎，加韭子清炒、磨碎，煎熬汁液，加进米里一起煮。

按语：羊肝兼治由肝风造成的虚热、眼睛红，以及病后失明。羊肝能明目，其它动物的肝则不行，青羊的肝明目尤其有效。

羊脊骨[1]粥

《千金·食治方》[2]：治老人胃弱。以骨捶碎，煎取汁，入青粱米[3]煮。

按：兼治寒中[4]羸瘦[5]，止痢补肾，疗腰痛。脊骨通督脉[6]，用以治肾，尤有效。

【注释】

①羊脊骨：指带里脊肉和脊髓的羊脊椎骨，俗称羊蝎子，含蛋白质、维生素、矿物质、磷酸钙、骨胶原等，是传统的美味食材。其味甘，性热，常用于补肾壮阳、强筋骨等。

②《千金·食治方》：内容为孙思邈所撰《备急千金要方》中食疗的方子。

③青粱米：粱或粟的种仁。《本草图经》：『粱米，有青粱、黄粱、白粱，皆粟类也。』《唐本草》：『青粱，壳穗有毛，粒青，米亦微青而细于黄、白粱也，谷粒似青稞而少粗。』青粱米味甘，性寒，常用于健脾益气、涩精止泻、利尿通淋等。

④寒中：中医病证名，又称中寒，指五脏遭受寒邪导致的病证。

⑤羸瘦：瘦弱。

⑥督脉：中医术语，系奇经八脉之一，主阳气，与肝肾关系密切。其循行路线起始于会阴，行于脊里，上入脑至鼻柱。

【今译】

《千金·食治方》说：羊脊骨治疗老人的胃虚弱。将羊脊骨捶碎，熬成汁液，加进青粱米里一起煮。

按语：羊脊骨兼治寒中导致的瘦弱，制止痢疾、补养肾脏，治疗腰痛。脊骨与督脉相通，用羊脊骨治疗肾脏，尤其有效果。

犬肉[1]粥

《食疗心镜》：治水气鼓胀[2]。和米烂煮，空腹食。

按：兼安五藏，补绝伤[3]，益阳事，厚肠胃，填精髓[4]，暖腰膝。黄狗肉尤补益虚劳。不可去血，去血则力减，不益人。

【注释】

①犬肉：即狗肉，含脂肪、蛋白质、膳食纤维、维生素、矿物质等。虽然近年来食用狗肉争议不断，但它确是传统的美味食材。其味咸，性温，常用于补中益气、温肾助阳等。

②水气鼓胀：中医病证名，指气滞、水停于腹中所导致的腹胀大如鼓的病证。

③绝伤：中医病证名，指骨伤疾病。

④精髓：中医术语，是人体骨髓、脊髓和脑髓的总称。因它们由肾的精气与饮食精微所化生，故名。

【今译】

《食疗心镜》说：狗肉治疗水气鼓胀。将狗肉和米一起煮至熟烂，空腹食用。

按语：狗肉还安稳五脏，补养绝伤，有益于阳事，保养肠胃，填充精髓，温暖腰膝。黄狗的肉尤其对虚劳有益处。不能将狗肉中的血去掉，如果去掉血，效力就会减少，对人体没有益处。

麻雀[1]粥

《食治通说》[2]：治老人羸瘦，阳气乏弱。麻雀炒熟，酒略煮，加葱和米作粥。

按：兼缩小便[3]，暖腰膝，益精髓。《食疗本草》曰：冬三月食之，起阳道[4]。李时珍曰：性淫也。

【注释】

①麻雀：麻雀属鸟类的统称，共有二十余种，肉含蛋白质、脂肪、维生素、矿物质等。其味甘咸，性温，常用于壮阳益精、暖腰膝、缩小便等。随着数量日渐稀少，麻雀已被列为国家二类保护动物。

②《食治通说》：南宋医家娄居中所撰食疗书。原书已佚失，内容散见于其它中医典籍。

③缩小便：中医术语，收敛小便。

④起阳道：中医术语，使阳道雄起。阳道，指男性生殖器。

【今译】

《食治通说》说：麻雀治疗老人瘦弱，阳气缺乏、虚弱。将麻雀炒熟，用酒稍微煮一下，加葱和米煮粥。

按语：麻雀还收敛小便，温暖腰膝，有益于精髓。《食疗本草》说：冬季三个月食用麻雀，使阳道雄起。李时珍说：麻雀的性质淫荡。

鲤鱼[1]粥

《寿域神方》[2]：治反胃，童便[3]浸一宿，炮焦[4]煮粥。又《食医心镜》：治咳嗽气喘，用糯米。

按：兼治水肿黄疸，利小便。诸鱼惟此为佳。风起能飞越[5]，故又动风，风病[6]忌食。

【注释】

①鲤鱼：传统的中式食材之一，含蛋白质、氨基酸、矿物质、维生素、脂肪等。其味甘，性平，常用于补脾健胃、利水消肿、通乳安胎、清热解毒、止嗽下气等。

②《寿域神方》：又名《延寿神方》，系明朝宁王朱权所撰道家方书。

③童便：又称童子尿，指男童的小便。古人认为，童便可滋阴降火，止血消瘀。

④炮焦：炒成焦黄。炮，炒，中药的一种制法。

⑤风起能飞越：风邪兴起后，能从身体里的一个部位移动到另一个部位。

⑥风病：中医病证名，指由风邪所引起的疾病。

【今译】

《寿域神方》说：鲤鱼治疗反胃。用童便将鲤鱼浸泡一夜，炒成焦黄，用它煮粥。另外《食医心镜》说：鲤鱼治疗咳嗽、气喘，用糯米和鲤鱼一起煮粥。

按语：鲤鱼兼治水肿、黄疸，通利小便。在各种鱼中，只有鲤鱼是好的。风邪兴起后，能从身体里的一个部位移动到另一个部位，所以还使风邪运动，因此患风病的人不适宜食用鲤鱼。

后记[1]

右[2]煮粥方，上中下三品，共百种。调养治疾，二者兼具，皆所以为老年地[3]。毋使轻投攻补[4]耳。前人有食疗、食治、食医及《服食经》《饮膳正要》诸书，莫非避峻厉以就和平也。且不独治疾，宜慎，即调养亦不得概施[5]。如『人参粥』亦见李绛[6]《手集方》。其为大补元气，自不待言，但价等于珠，未易供寻常之一饱。听之有力者，无庸摭入[7]以备方。此外所遗尚多，岂仅气味俱劣之物，亦有购觅难获之品。徒矜博采，而无当于用，奚取乎？兹撰粥谱，要[8]皆断自臆见。合前四卷，足备老年之颐养。吾之自老其老[9]，恃此道也，乃或传述及之，不无小裨于世。谬妄之讥，又何敢辞！

是岁季冬月[10]之三日慈山居士又书于尾

【注释】

①『后记』之名为译注者所加。

②右：指前文。古时图书为竖排，自右至左排列，因此以右为前文。

③地：应为『也』。

④轻投攻补：投机取巧，攻逐病邪、补益正气。轻投，中医术语，指治疗疑难病症时，将药物巧妙变换，以适应复杂的病机。

⑤概施：普遍地使用。

⑥李绛：唐朝官员，详见本书『姜粥』注释③。

⑦摭(zhí)入：选择并记载下来。

⑧要：总之。

⑨自老其老：自己供养自己的老年。

⑩季冬月：指冬季的第三个月。参见本书『猪肚粥』注释②。

【今译】

前文煮粥的食方，分为上、中、下三个等级，一共一百种。调养身体、治疗疾病，两者都具备，都有益于老年人的健康。不要用它们投机取巧，攻逐病邪、补益正气。以前的人有食疗、食治、食医以及《服食经》《饮膳正要》这类书籍，没有一个不是避开严厉而靠近平和。而且这些食方不单独治疗疾病，应该注意，即使是调养身体，也不能普遍地使用。例如，『人参粥』也见于李绛的《手集方》。它能大补元气，自然不用说。但是，它的价钱与珍珠相当，不容易供平常饱餐一顿。听上去有功效的，不必选择并记载下来作为备方。在这些食方之外，所遗漏的还多，即使是味道不好的东西，也有购买、寻找困难的。只是自夸收录齐全，却并不适用，这有什么可取呢？现在撰写粥谱，总之都是基于个人多年经验做出的判断。这一部分与前四卷合在一起，足以供老年人保养自己。我自己供养自己的老年，凭借的就是这个方法。于是选择将它们转述出来，多少对世人有一些益处。如果有人讥笑我荒谬虚妄，又怎么敢辩解呢！

这一年季冬月三日慈山居士写在结尾

粥谱①

①此部分为黄云鹄所撰。

粥谱序

吾乡人讳食粥，讳贫也。顾①都邑②豪贵人会饮③，必继以粥。索粥不得，主客皆不怿④。粥固不独贫者食矣。自来岁饥，为粥糜活饥者⑤，有丧者啜粥，俾无灭性⑥。古人云：薄田以供饘粥⑦。薄云者，盖谦言无厚产不敢厚餐也。然则粥信⑧便于贫无力者矣。

吾近读养生书，乃盛称粥之功。谓于养老最宜：一省费，二味全，三津润⑨，四利膈⑩，五易消化。试之良然，每晨起啜三四碗亦不觉饱闷。予性颇讳老，亦实觉较十年前为壮健。自得食粥方，益复忘老。粥之时用大矣哉！乃辑濒湖⑪《本草纲目》及高氏《尊生八笺》⑫，凡言粥之事，次以己意⑬，为《粥谱》一卷。既备检用，且以诒⑭世之养老及自养者，俾知食粥之益。如此或亦推已利人之一端⑮也。

光绪七年⑯又七月廿又七日⑰序于蜀中黄云鹄

门人汉川⑱刘洪烈校

【注释】

①顾：反而。

②都邑：京城。

③会饮：聚众喝酒。

④怿(yì)：高兴。

⑤为粥糜活饥者：煮粥使饥饿的人活下来。活，使之活。

⑥有丧者，俾无灭性：有亲属去世的人喝粥，能使他们不丧失德性。有丧者，有丧事的人，指有亲属去世的人。《论语·述而》：『子食于有丧者之侧，未尝饱也。子于是日哭，则不歌』俾，使。性，德性。

⑦饘(zhān)粥：稠粥。《礼记·檀弓上》：『饘粥之食。』孔颖达注：『厚曰饘，希(稀)曰粥。』

⑧信：确实。

⑨津润：滋润。

⑩利膈：中医术语，指使胸膈顺气、消除胀满。

⑪濒湖：指李时珍。李时珍晚年号濒湖山人。

⑫高氏《尊生八笺》：即高濂所撰《遵生八笺》。高氏，指高濂。参见本书《老老恒言·粥谱》之『柏叶粥』注释②。

⑬次以己意：接下来按照自己的意思。次，第二。

⑭诒(yí)：给予。

⑮一端：事情的一个方面。

⑯光绪七年：一八八一年。光绪是清代皇帝爱新觉罗·载湉的年号，起止时间为一八七五年至一九〇八年。

⑰又七月廿又七日：七月廿七日。又，整数之外再加数目。

⑱汉川：即今湖北汉川。

【今译】

我的家乡人忌讳喝粥，是因为忌讳贫穷。然而京城的有钱有权的人聚会喝酒后，接下来一定端出粥。找粥找不到，主人、客人都不高兴。粥本来不单单是贫穷的人喝的。历来遇到荒年，就煮粥使饥饿的人活下来，有亲属去世的人喝粥，能使他们不丧失德性。古人说：用贫瘠的田地供给稠粥。说贫瘠的人，大概谦虚地说没有丰厚的家产不敢吃丰盛的食物。然而，对贫穷、没有体力的人来说，粥确实方便。

我近来阅读养生的书籍，于是极力称赞粥的功效。它对于养老来说最适合：第一省钱，第二味道齐全，第三滋润，第四使胸膈顺气、消除胀满，第五易于消化。我尝试了它，果然如此，每天早晨起床喝三四碗也不觉得闷胀。我的性格相当忌讳提及自己年老，也确实感觉比十年前更加强健。自从得到喝粥的方子，又更加忘记了自己年老。粥为当世所用的价值很大啊！于是，我辑录了李时珍《本草纲目》及高濂《遵生八笺》的内容，凡是说到粥的事情，接下来按照自己的意思，编成一卷《粥谱》。它既可以用来翻阅、使用，又能提供给世上养老的人和自己养护自己的人，使他们知道喝粥的好处。这样，或许也是用自己心意使别人获益的一个方面。

黄云鹄于光绪七年七月廿七日在蜀中作序

学生、汉川人刘洪烈校对

食粥时五思

一思少贱时：先太夫人[1]乳少，哺[2]鹄以粥糜。两妹以不能食粥殇[3]。先大夫蚤世[4]，太夫人亲课鹄读。岁入一顷余[5]，厚[6]自节省，备延师待客之用。每饭必以米汁沃锅焦[7]为粥。值青黄不接，时或竟月食粥。食久有厌色。太夫人曰：此若小时乳也。非此，若安得活？自是终身无敢厌。

一思饥困时：道光十八年[8]，随先兄应院试未售[9]，由山僻小路还家，一老仆荷担从，会资尽不食者竟日。山脊风来，异香扑鼻，盖山谷人家午饭初熟也。予回顾老仆曰：闻未？仆虽老，素好谐，连摇首曰：莫说莫说说不得，莫闻莫闻闻不得。予生平不甚畏死而畏饥，实始此。尝作此时想食粥，焉敢生厌！

一思京宦时：廿年供职郎曹[10]，终岁食黄黑老仓米[11]。久之，差务益繁，窘益甚。饭中杂以粗粟，取饱而已。日事奔驰，亦不得不饱。今得精粲[12]为粥，日日食之，焉敢生厌！

一思旱荒时：前次入蜀，守雅州[13]，巡建南[14]。所在岁稔[15]，米价贱于前时。独调守成都之次年，旱荒殊甚。祷雨久之乃应。民饥可怜。蒙大府允分四十五局平粜[16]。又倡劝城乡各善良捐资粜账[17]，分设粥厂[18]。予尝单骑轮赴各厂食粥，验粥良否，见饥民酸恻，且食且叹。今得安静食粥，焉敢生厌！

一思古昔：圣贤俱安淡泊。生平挚友，半作陈人。我何人斯，幸存食粥。且食白粲佳粥，欢喜承受，尚恐不应，焉敢生厌！

【注释】

①先太夫人：先母。太夫人，古时指官僚豪绅的母亲。

②铺(bū)：同『哺』，喂养。

③殇：没成年就死去。

④先大夫蚤世：先父早逝。大夫，指父亲。蚤，同『早』。

⑤一顷余：一顷多的田地。顷，市制地积单位。1顷为一百亩，约等于六万六千六百六十七平方米。

⑥厚：多。

⑦以米汁沃锅焦：用米汤泡锅巴。沃，泡。锅焦，锅巴。

⑧道光十八年：即一八三八年。道光，清宣宗爱新觉罗•旻宁的年号，共使用三十年(一八二一—一八五〇)。

⑨应院试未售：参加院试没中。院试，清代由各省学政主持的考试。售，考试得中。

⑩廿年供职郎曹：道光二十年担任郎曹。郎曹，官名，指郎官，皇帝的侍从之官。

⑪仓米：官家府库中储存的米。

⑫精粲：精米。

⑬雅州：今四川雅安。

⑭建南：今湖北利川建南镇。

⑮岁稔(rěn)：年成丰熟。

⑯蒙大府允分四十五局平粜：承蒙巡抚同意，将四十五个米局的米按照平时的价格出售。大府，清朝时指主管一省军民事务的巡抚。局，官府专门为采办、制作某种产品设立的机构。平粜，指旧时遇到荒年，官府按平常价格卖出粮食。

⑰赈：同『赈』，救济。

⑱粥厂：旧时施粥以赈饥民的场所。

【今译】

第一，我想到在幼年贫穷的时候：先母乳汁少，用烂粥喂养我。我的两个妹妹因为不能喝粥，没有成年就死了。先父早逝，母亲亲自教我读书。每年的收入依靠一顷多的田地，母亲自己节省很多，准备供请老师、招待客人使用。每顿饭必定用米汤泡锅巴煮粥。遇到青黄不接的时候，有时整月喝粥。喝久了，我的脸上就有厌恶的表情。母亲说：它就是你小时候的乳汁。没有它，你怎么能活下来？从此以后，我一生都不敢厌恶粥。

第二，我想到在饥饿困顿的时候：道光十八年(一八三八)，我跟随先兄参加院试没中，从山中偏远的小路回家，一个年老的仆人挑着行李随行，遭遇钱财用完而整天吃不上饭的境况。突然风从山脊上吹过来，异香扑鼻，原来是山谷中人家的午饭刚熟。我转头对老仆说：闻到没有？仆人虽然年老，但平常喜欢开玩笑，连连摇头说：莫说莫说说不得，莫闻莫闻闻不得。我生平不怎么怕死，但是怕饿，其实是从这件事开始的。我每想到这时候，就想喝粥，怎么敢生厌！

第三，我想到在京城做官的时候：道光二十年（一八四〇），我担任郎官，终年吃又黄又黑的陈仓米。时间一长，我的差事越来越繁忙，处境越来越窘迫。饭中掺杂着粗粟，只是为了吃饱而已。每天为事务奔波，也不能不吃饱。现在能用精米煮粥，天天喝，怎么敢生厌！

第四，我想到在干旱灾荒的时候：上一次到蜀地，镇守雅州，巡察建南。当时年成丰熟，米价比以前低。调任镇守成都的第二年，干旱造成的灾荒十分严重，祈祷下雨很长时间，上天才下了雨。百姓都饥饿难耐，十分可怜。承蒙巡抚同意，将四十五个米局的米按照平时的价格出售。再提倡、劝导城乡中善良的人捐出钱财，买平价的米救济百姓，分别设立粥厂。我曾经一个人骑马依次赶到各个粥厂喝粥，验证粥是不是好。看到饥饿的百姓悲酸凄恻，一边喝粥一边感叹。现在能够安静地喝粥，怎么敢生厌！

第五，我想到古代的时候：圣贤之人都安于淡泊的生活。我一生的好友，一半都已故去。我是什么人，能幸运地活下来喝粥，而且喝白米煮的好粥，高高兴兴地接受，还担心承受不住，怎么敢生厌！

集古食粥名论

《月令》：仲秋之月，养衰老，授几杖，行糜粥、饮食（注：行犹赐也）。①

《檀弓》：公叔文子卒，其子戍请谥于君。君曰：昔卫国凶饥，夫子为粥与国之饿者，是不亦惠乎？②

《左传》：正考父鼎铭曰：饘于是，粥于是，以糊余口（注：言至险也）。③

《韩诗外传》：楚王聘北郭先生。其妇曰：夫子以织屦为食。食粥毚屦，无怵惕之忧者，何也？与物无治也。④

《史记·仓公传》云：其人嗜粥，故中藏实（粥之益人可知）。⑤

汉文帝诏曰：今闻吏禀当受鬻者，或以陈粟，岂称养老之意哉！《武帝纪》年九十以上已有受鬻法，为复子若孙，令得身率妻妾遂其供养之事。⑥

《南史》：刘善明家有积粟。因青州饥荒，躬身饘粥，开仓以救乡里，幸获全济。人名其家田曰续命田。⑦

范文正公少清苦力学，以齑界粥，分早晚食。同学怜之，馈以美馔。辞曰：非不欲食甘旨，恐后难继耳。⑧

苏文忠公与人书云：夜饥甚。吴子野劝食白粥，云能推陈致新、利膈益胃。粥既快美，粥后一觉，尤妙不可言。⑨

韩丞《医通》云：一人病淋，素不服药。予令专啖粟米粥，绝去他味，旬余减，月余痊。此五谷治病之验也。⑩

张耒《粥记》云：每日清晨食粥一大碗，空腹胃虚，谷气便作，所补不细，又极柔腻，与胃相得，最为饮食之妙诀。盖粥能畅胃气、生津液也。大抵养生求安乐，亦无深远难知之事，不过寝食

之间耳。故作此劝人每日言粥。勿大笑也。⑪

喻嘉言曰：予每晨食粥，甚觉合宜。夜膳进粥，即不爽快，正以粥易成痰。早晨行阳二十五度，不致成痰，即得粥之益。晚间行阴二十五度，即易成痰。一物也，早晚宜否之异如此。亦见修养家过午不食非无因也。⑫

李濒湖⑬云：粥之益人甚多。古方用药物诸谷作粥，治病亦甚多。略取可常食者，集于下方，以备参考云。

【注释】

①『《月令》』句：见《礼记·月令》。仲秋，秋季的第二个月。几杖，坐几和手杖，皆为老人所用。注，为原作者所注，下同。

②『《檀弓》』句：见《礼记·檀弓》。公叔文子，即公叔发，春秋时期卫国的大夫，谥号『文』，故称公叔文子。戍，即公叔戍，春秋时期卫国的卿。凶饥，灾荒。

③『《左传》』句：见《左传·昭公七年》。正考父，春秋时期宋国的大夫，孔子的七世祖。鼎铭，鼎上镌刻的铭文。饘于是，在鼎中煮稠粥。是，指代鼎。

④『《韩诗外传》』句：见《韩诗外传·卷九》。楚王，指楚庄王，春秋五霸之一。北郭先生，指廖扶，后指隐居不仕的人。《后汉书·方术传·廖扶》：『扶感父以法丧身，惮为吏』，『绝志世外』，『州郡公府辟召，皆不应』，『当时人因号为北郭先生』。屦(jù)，古时用麻、葛等编成的鞋子。毚(chán)，穿。怵(chù)惕，恐惧警惕。与物无治也，和财物没有关系，指不计较财物。无治，无为而治。

⑤『《史记·仓公传》』句：见《史记·扁鹊仓公列传第四十五》。中藏实，胃中充实。中藏，内脏，指胃。藏，同『脏』。

⑥『汉文帝诏曰』句：见《汉书·文帝纪》。汉文帝，即刘恒，汉高祖刘邦第四子。受鬻(yù)，接受粥。鬻，粥。西汉曾实施『受鬻法』，即定期向九十岁以上的老人提供粟米用以熬粥养生的一项福利制度。陈粟，陈仓米。《武帝纪》，即《汉书·武帝纪》。武帝，指汉武帝刘彻。复子若孙，古时的一种福利制度，指有儿子的免除儿子的赋役，没有儿子的免除孙子的赋役，也即免除其所有子孙的赋役。复，免除赋役。

⑦『《南史》』句：见《南史·卷四十九》。刘善明，南北朝时期南齐人。青州，今山东青州。

⑧『范文正公少清苦力学』句：范文正公，即北宋思想家、政治家、文学家范仲淹。以齑界粥，用切碎的腌菜划分粥。

⑨『苏文忠公与人书云』句：苏文忠公，即北宋文学家、书法家苏轼。吴子野，又名吴复古，与苏轼、苏辙兄弟俩交情深厚。

⑩『韩炁《医通》云』句：病淋，患淋证。淋证，中医病证名，参见本书《老老恒言·粥谱》『大麻仁粥』注释④。五谷，五种谷物，一说指稻、黍、稷、麦、菽，一说指麻、黍、稷、麦、菽。

⑪『张来《粥记》云』句：见《柯山集·卷四十二》。张来，即张耒，北宋官员、文学家，『苏门四学士』之一。谷气，饮食的精气。妙诀，奇妙的诀窍。

⑫『喻嘉言曰』句：喻嘉言，即喻昌，明末清初著名医家。行阳二十五度，卫气运行于阳分(相应于白天)二十五周次。《黄帝内经·灵枢·营卫生会》：『其清者为营，浊者为卫，营在脉中，卫在脉外，营周不休，五十度而复大会，阴阳相贯，如环无端，卫气行于阴二十五度，行于阳二十五度，分为昼夜，故气至阳而起，至阴而止。』

⑬李濒湖：即李时珍，参见本书《粥谱》『粥谱序』注释⑪。

【今译】

《月令》说：秋季的第二个月，奉养老人，把坐几和手杖授予他们，赐给他们煮烂的粥、饮食(注，行即赐)。

《檀弓》说：公叔文子去世，他的儿子公孙戍请求卫国的国君赐给自己的父亲称号。国君说：以前卫国发生灾荒，你的父亲煮粥给卫国中饥饿的人，这不是『惠』吗？

《左传》说：正考父鼎上镌刻的铭文说：在鼎中煮稠粥，在鼎中煮稀粥，用来给其他人填饱肚子(注，这是说非常节俭)。

《韩诗外传》说：楚庄王延聘北郭先生做官。北郭先生的妻子说：先生靠用麻、葛编织鞋子为生。喝粥，穿用麻、葛编织成的鞋子，没有恐惧警惕的担忧，为什么？因为不计较财物。

《史记·仓公传》说：一个人嗜好粥，所以他的胃中充实(由此可知粥对人有用)。

汉文帝发布诏书说：现在听说官员赏赐谷物给应当接受粥的人，有的用陈仓米，岂能符合养老的心意呢！《汉书·武帝纪》中说，针对年龄在九十岁以上的人，有『受鬻法』，实施免除子孙后代的赋役，使他们能够率领妻妾履行供养老人的责任。

《南史》说：刘善明的家里有储存的粮食。因为青州饥荒，他亲自煮粥，打开粮仓救济家乡人。家乡人全都幸运地活了下来。人们称他家的田地为『续命田』。

范仲淹年少时生活贫苦，但学习努力。他用切碎的腌菜划分粥，分别在早晨、晚上喝。同学们可怜他，将精致可口的饭菜送给他。他拒绝说：我不是不想吃美味的食物，而是担心以后很难持续下去。

苏轼写信给人说：夜里十分饥饿。吴子野劝他喝白粥，说这样能除旧生新，使胸膈顺气、消除胀满，有益于胃。粥不仅喝起来畅快、味道鲜美，而且在喝粥之后睡一觉，简直美妙得难以用言语形容。

韩悫《医通》说：一个人得了淋证，平常不服药。我让他只吃粟米粥，除掉其它味道，一旬之后病情减轻，一个多月之后痊愈。这个例子是五谷治病的证明。

张耒《粥记》说：每天清晨喝一大碗粥，这时候肚子空、胃虚弱，饮食的精气就开始生发，所补养的不精细，又非常柔软细腻，与胃互相配合，最能体现饮食奇妙的诀窍。这是因为粥能使胃气通畅，产生津液。大概养生追求安稳快乐，也没有深奥难懂的事情，不过是在睡觉、饮食之间罢了。所以写下这些文字，劝人们每天喝粥。不要大声嘲笑我。

喻嘉言说：我每天早晨喝粥，觉得非常适宜。晚饭喝粥，就感觉不爽快，正是因为粥容易形成痰。卫气从早晨开始，白天运行二十五周次，就能获得粥的好处。卫气从晚间开始，夜晚运行二十五周次，就容易形成痰。一种事物在早晨、夜晚是不是适宜的差别，就像这样。从这里也可以看出，养生家过了中午就不进食，不是没有原因。

李时珍说：粥对人的好处很多。古时的食方用药物、各种谷物煮粥，治疗疾病的种类也很多。简单扼要第选择能经常食用的，集合在下面，以作为参考。

粥之宜

水宜洁，宜活，宜甘。

火宜柴，宜先文后武[①]。

罐宜沙土[②]，宜刷净。

米宜精，宜洁，宜多淘。

上水[③]宜稍宽[④]，后毋添。

宜常搅。已焦者勿搅，搅则不可食。

筯[⑤]宜竹，匕[⑥]与碗宜磁[⑦]，宜揩尽。

蔬宜脆，宜菹，宜腌醢[⑧]之物。

宜独食。

宜早食。

宜与素心人[⑨]食。

食后髭鬚[⑩]宜揩净。

食后宜缓行百步，鼓腹数十。

宜低声诵书。

宜微吟（诗成不成听之）。

宜作大字（作小楷必低首垂腰。食粥饱后不宜）。

宜漫游。

宜玩弄花竹。

既饱，宜见客。

【注释】

①先文后武：先用文火，后用武火。

②沙土：即陶土。

③上水：加水。

④宽：多。

⑤筯：同『箸』，筷子。

⑥匕：古时取食的器具，即后世的汤匙。

⑦磁：同『瓷』。

⑧醢（hǎi）：肉酱。

⑨素心人：指没有欲望杂念的人。

⑩髭（zī）鬚（xū）：胡须。唇上曰髭，唇下为鬚。

【今译】

水应该干净，应该流动，应该甘甜。

火应该用柴烧，应该先用文火、后用武火。

罐子应该用陶土制作的，应该刷干净。

米应该用精米，应该干净，应该多次淘洗。

加水应该稍微多一些，之后不要添加。

应该经常搅和。已经烧焦的不要搅和，搅和就不能食用。

筷子应该用竹子制作的， 匙与碗应该用瓷的，应该擦干净。

蔬菜应该清脆，应该用腌菜，应该用腌肉酱之类的菜肴。

应该独自食用。

应该早晨食用。

应该与素心人一起食用。

喝完粥后，应该将胡须擦干净。

喝完粥后，应该缓慢地行走一百步，鼓起肚子数十次。

应该低声地读书。

应该轻轻地吟诗（诗能不能成篇，听听就好）。

应该写大字（写小楷一定低头弯腰。喝粥喝饱后不应该写这么做）。

应该漫步。

应该赏玩花和竹子。

既然肚子饱了，应该会见客人。

粥之忌

忌与要人①食。

人虽不要，末脱膏粱气②者，亦忌与食。

忌浓膏厚味添入。

忌铜锡器。

忌鱼腥及鳖蟹虾鳝等物。

忌不洁。

忌隔宿。

忌焦臭③。

忌清而不粘。

忌稠浓如饭。

忌苦水、卤泉④。

忌熟后添水。

忌凉⑤食。

忌急食。

忌食后即睡。

忌食后复饮酒。

忌食饱多饮茶。

忌食饱大怒。

忌强令人食。

忌与粗人、走役⑥、工匠食（不耐饥）。

【注释】

①要人：有地位的人。

②膏粱气：富贵人家的习气。膏粱，肥肉、细粮，指富贵人家及其后代。

③臭（xiù）：味道。

④卤泉：即卤水，一种矿化很强的水，主要成分为氯化钠、氯化钾、氯化镁、氯化钙、硫酸镁及溴化镁等，常用于制作豆腐。

⑤凉：同『凉』。

⑥走役：仆役。

【今译】

不要给有地位的人喝。

有的人虽然没有地位，但没有脱去富贵人家的习气，也不要给他们喝。

不要加进味道肥腻浓厚的东西。

不要用铜器、锡器煮粥、喝粥。

不要用鱼腥、鳖、螃蟹、虾、鳝鱼等东西。

不要不干净。

不要隔夜。

不要有烧焦的味道。

不要清淡却不粘连。

不要稠密得像饭一样。

不要用苦水、卤水。

不要在粥煮熟后加水。

不要等粥凉了喝。

不要着急就喝。

不要在喝粥后立即睡觉。

不要在喝粥后再喝酒。

不要在喝饱后再多喝茶。

不要在喝饱后大怒。

不要强迫别人喝。

不要给粗人、仆役、工匠喝（粥不耐饥）。

粥品一　谷类

籼米①粥

温中养胃，止烦渴，利小便，益气力。

【注释】

①籼(xiān)米：即籼米，含蛋白质、脂肪、膳食纤维、维生素、矿物质等。其味甘，性温，常用于温中益气、养胃和脾、除湿止泄等。因其粘性差，常用于制作米粉、萝卜糕或炒饭。

【今译】

籼米温和中气、保养胃，制止烦渴，通利小便，增强气力。

粳米①粥

和五脏，益荣卫②，开胃气，助谷神③。粳亦作杭。

【注释】

①粳米：含蛋白质、氨基酸、脂肪、矿物质、维生素等。其味甘，性平，常用于补中益气、平和五脏、止烦渴、通血脉等。

②荣卫：即营卫，中医术语，指营气与卫气。营气指血的循环，卫气指气的周流。参见本书『粥谱』之『集古食粥名论』注释⑫。

③谷神：养育万物之神，实指道。《道德经》：『谷神不死，是谓玄牝。玄牝之门，是谓天地根。绵绵若存，用之不勤。』

【今译】

粳米温和五脏，有益于气血，开胃气，有助于生命周而复始。『粳』也作『杭』。

糯米[1]粥

温肺，暖脾胃，缩小便。宜和诸米煮。专食久软人[2]。

【注释】

①糯米：含蛋白质、脂肪、膳食纤维、维生素、矿物质等，多用来制作风味小吃。其味甘，性温，常用于补中益气、健脾养胃、止虚汗等。

②软人：使人乏力。

【今译】

糯米温和肺，温暖脾胃，收敛小便。它适宜和各种米一起煮。只喝糯米粥时间长了，使人乏力。

香稻米[1]粥

开胃悦神[2]。宜少宜新。入诸米中，宜稍后。

【注释】

①香稻米：又称香米，包括香籼、香粳和香糯，含氨基酸、蛋白质、维生素、脂肪、膳食纤维、矿物质等，可用来制作风味小吃。其味甘，性平，常用于补中益气、和五脏、通血脉、止烦渴等。

②悦神：使精神愉悦。

【今译】

香稻米开胃，使精神愉悦。用香稻米煮粥，应该少量，应该新鲜。加进各种米里诗，应该稍后放。

陈米①粥

宽中，平胃，止痢，除烦，消积②。

【注释】

①陈米：中医认为，陈米味甘咸，性平，可用于下气、除烦渴、补五脏等。《本草纲目》：『时珍曰：陈仓米煮汁不浑，初时气味俱尽，故冲淡可以养胃。古人多以煮汁煎药，亦取其调肠胃、利小便、去湿热之功也。』不过，陈米因为存放时间久，可能会产生黄曲霉素并变质，所以应慎食用。

②消积：中医术语，消除积食。

【今译】

陈米疏散郁气，平和胃，制止痢疾，消除烦渴，消除积食。

焦米①粥

收水泻②，回胃气③。

【注释】

①焦米：炒成焦黄的大米。中医认为，焦米可健脾祛湿、开胃止泻等。

②水泻：中医病证名，指泻下稀水、如水下注。原因多为脾胃虚弱、感寒停湿及热迫肠胃。

③回胃气：中医术语，指使胃气回旋。

【今译】

焦米收敛水泻，使胃气回旋。

盐米[1]粥

姜丁、茶末、粳米、神曲[2]末同炒，入水为粥。治不和[3]。

【注释】

①盐米：盐与米。

②神曲：又称六神曲，指用辣蓼（蓼科植物水蓼的全草）、青蒿（菊科植物青蒿的植株）、杏仁等加入面粉或麸皮后经发酵而成的曲剂。其味甘辛，性温，常用于健脾和胃、消食调中等。

③不和：指脾胃不和。

【今译】

将盐米与生姜丁、茶叶的碎末、粳米、神曲的碎末一起炒，加水煮粥。盐米粥治疗脾胃不和。

大穬麦[1]粥

实五脏，益气。煮粥甚滑。宜久煮。健人。

【注释】

①大穬（kuàng）麦：大麦的一种，又称青稞、裸麦、黑麦。明代宋应星所撰《天工开物·麦》：『穬麦独产陕西，一名青稞，即大麦，随土而变。』东汉崔寔所撰《四民月令》注：『大麦之无皮毛者曰穬。』其含淀粉、矿物质、维生素、异黄酮等，味咸，性温，常用于消渴除热、益气调中、补虚劣、益颜色、实五脏等。

【今译】

大穬麦充实五脏，有益于身体之气。用大穬麦煮粥很滑腻。应该长时间煮。大穬麦粥使人强健。

小麦粥

养心气，止烦渴，治五淋，平肝气，治漏血①、唾血②。

【注释】

①漏血：中医病证名，指下体少量出血。

②唾血：中医病证名，指痰中带血。

【今译】

小麦保养心脏之气，制止烦渴，治疗五淋，抚平肝气，治疗漏血、唾血。

米麦①粥

吾乡②有之。似大麦而无壳，食之健人。颇似青稞。

【注释】

①米麦：与青稞同，因产地不同而称呼不同。此种大麦成熟后，种壳与籽粒分离，似稻与米，故得名。

②吾乡：作者的家乡，即湖北蕲（qí）春。

【今译】

我的家乡有米麦。米麦类似于大麦，但没有壳，食用它使人强健。它与青稞非常相似。

浮麦①粥

益气，除热，止心虚②盗汗③及自汗④不止。

【注释】

①浮麦：即浮小麦，因小麦的果实干燥后轻浮、瘪瘦而得名。其味甘，性凉，常用于除虚热、止汗等。

②心虚：中医病证名，指心之阴、阳、气、血不足的各种病证。

③盗汗：中医病证名，指入睡后异常出汗、醒后即止的病证。

④自汗：中医病证名，指白天、晚间自然出汗的病证。与盗汗相对应。

【今译】

浮麦有益于身体之气，祛除热邪，制止心虚、盗汗以及自汗不停。

炒面①粥

血痢不止，炒面入粥中，食之能回生。

【注释】

①炒面：即炒面粉。此处作者并未言明使用何种面粉。

【今译】

病人患血痢不停，将炒面加入粥里，食用后能挽回生命。

面筋浆粉①粥

益气，解劳热，断痢②。

【注释】

①面筋浆粉：又称面筋粉，用洗面筋的浆水澄清后，提取并烘干而成的粉末状产品。制作面筋浆粉通常使用小麦面粉。其味甘，性凉，常用于益气脉、和五脏、解热和中等。

②断痢：即止痢。

【今译】

面筋浆粉有益于身体之气，解除劳热，制止痢疾。

莜麦①粥

充饥。

【注释】

①莜麦：禾本科植物莜麦的种子，含淀粉、蛋白质、氨基酸、脂肪、维生素、矿物质等。它流行于山西地区，吃法多样。莜麦是燕麦的一种，又称裸燕麦、油麦，指其种子成熟后不带壳。

【今译】

莜麦解除饥饿。

燕麦①粥

充饥，滑产②。

【注释】

①燕麦：禾本科植物燕麦的种子，含淀粉、蛋白质、膳食纤维、维生素、氨基酸、矿物质等。其味甘，性平，常用于充饥、滑肠、滑产等。

②滑产：使孕妇生产顺滑。

【今译】

燕麦解除饥饿，使孕妇生产顺滑。

荞麦①粥

消滞②，炼滓③。用粉加茶末、蜜水搅干下服，治嗽神效。

【注释】

①荞麦：又名乌麦等，系蓼科植物荞麦的种子，有甜荞、苦荞、米荞、翅荞四类。通常所说的荞麦指甜荞。其含淀粉、氨基酸、膳食纤维、矿物质、维生素等，味甘、性凉，常用于开胃宽肠、下气消积等。

②消滞：中医术语，指消除气滞及饮食积滞。

③炼滓：中医术语，指炼去渣滓，即消除肠胃中的残余废物。

【今译】

荞麦消除积滞，炼去渣滓。在荞麦粉中加茶叶末、蜂蜜水，搅拌至干，然后服下，治疗咳嗽有神奇的效果。

苦荞①粥

止饥。

【注释】

①苦荞：荞麦的一种，味苦、性寒，常用于实肠胃、益气力、续精神、利耳目、炼五脏渣秽等。苦荞的经济价值极高，既可以用作饲料，又可制作去污剂及化妆品。

【今译】

苦荞解除饥饿。

玉米①粥

开胃宽肠。即包谷，又名玉蜀黍。

【注释】

①玉米：禾本科植物玉蜀黍的种子，含蛋白质、脂肪、维生素、矿物质、膳食纤维素、糖类等，历来被视为长寿食品。其味甘淡，性平，常用于益肺宁心、健脾开胃、利水通淋等。除了烹饪菜肴、入药，它还用于制作工业酒精、烧酒。

【今译】

玉米开胃、宽肠。它就是包谷，又叫玉蜀黍。

蜀黍[1]粥

温中涩肠。即高粱，又名芦粟。

【注释】

①蜀黍：又名高粱、桃黍、木稷、荻粱、乌禾等，系禾本科植物蜀黍的成熟种仁，含矿物质、维生素、脂肪等。其味甘涩，性温，常用于温中、涩肠胃、止霍乱等。除食用外，还可用于制作淀粉与糖、酿酒、制造酒精等。

【今译】

蜀黍温和脾胃之气、收涩肠道。蜀黍就是高粱，又叫芦粟。

黍米①粥

宜肺。治阴阳易②，及久心痛③。有赤、白、黑数种，赤胜。

【注释】

①黍米：禾本科植物黍的成熟种子，粘性大，含蛋白质、淀粉、脂肪、氨基酸、膳食纤维等，色黄，可用于酿造黄酒。其味甘，性温，常用于益气补中、除烦止渴、解毒等。

②阴阳易：中医病证名，指男女双方病后余热未净、由房事传给对方，也指阴位见阳脉、阳位见阴脉。

③久心痛：中医病证名，指心痛久延不愈。

【今译】

黍米使肺舒适。它治疗阴阳易，以及久心痛。它有红、白、黑三种颜色，红色的品质最好。

稷米①粥

益气凉血，解瓠毒②。即穈子，又名穄米。

【注释】

①稷米：禾本科植物黍的成熟的种子，没有粘性。其味甘，性平，常用于和中益气、凉血解暑等。

②瓠(hù)毒：即瓠子的毒。瓠子是葫芦科植物瓠子的果实，系葫芦的变种，分甜瓠子、苦瓠子两种。甜瓠子营养丰富、果肉鲜嫩可口，是夏秋之际的蔬菜。苦瓠子有毒，不能食用，但中医用其瓤及子入药，用于下水、令人吐、治疗面目四肢浮肿等。

【今译】

稷米有益于身体之气、凉血，清除瓠子的毒素。它就是穈子，又叫穄米。

秫粱米[1]粥

仙益气健脾，治赤痢[2]。有黄、白、青数种。黄治不寐[3]，白、青除热。

【注释】：

①秫粱米：即粱米，系禾本科植物粱或粟的种仁，有黄粱米、白粱米、青粱米三种，含蛋白质、脂肪、糖类、维生素、矿物质等。其味甘，性平，常用于和中、益气、利湿等。

②赤痢：中医病证名，指便中带血不带脓的痢疾。严重赤痢为血痢。

③不寐：中医病证名，指不能获得正常睡眠。

【今译】

秫粱米有益于身体之气、健脾，治疗赤痢。

它有黄色、白色、青色三种。黄色的秫粱米治疗不寐，白色的、青色的祛除热邪。

䅟䅟子[1]粥

益气，宜脾，厚肠胃，杀虫。

【注释】：

①䅟䅟(cǎn)子：即䅟子，又名龙爪稷、龙爪粟、鸡爪粟、鸭爪䅟等，系禾本科植物䅟子的种仁，含膳食纤维、多酚、矿物质、氨基酸等，尤其富含钙、钾。其味甘，性温，常用于补中益气、厚肠胃等。

【今译】

䅟䅟子，对脾适合，保养肠胃，杀虫。

黄豆[1]粥

宽中下气，利大肠，消肿解毒。豆黄[2]研末入粥佳。青豆[3]平肝热[4]。

【注释】

①黄豆：即黄大豆，富含蛋白质、脂肪，还含维生素、矿物质、氨基酸等。其味甘，性平，常用于宽中导滞、健脾利水、解毒消肿等。

②豆黄：黑大豆的一种加工品。《本草纲目》：『时珍曰：造法：用黑豆一斗蒸熟，铺席上，以蒿覆之，如酱法，待上黄，取出晒干，捣末收用。』其味甘，性温，常用于填骨髓、补虚损、壮气力、益颜色等。

③青豆：此处指青大豆，即绿皮黄大豆。

④肝热：中医病证名，指肝气淤滞导致肝火上升、过剩。

【今译】

黄豆宽中下气，通利大肠，消肿解毒。将豆黄研磨成粉末放进粥里，效果好。青豆平复肝热。

黑豆[1]粥

补肾，镇心[2]，解毒，明目。少入盐尤妙。

【注释】

①黑豆：即黑大豆，富含蛋白质、脂肪、维生素、蛋黄素、黑色素、卵磷脂等。其味甘，性平，常用于补脾、利水、解毒等。

②镇心：定心。

【今译】

黑豆补肾，定心，解毒，明目。少放盐尤其好。

绿豆粥①

止渴，解毒，消肿，下气。勿去皮。

【注释】

①绿豆粥：参见本书『老老恒言·粥谱』之『菉豆粥』。

【今译】

绿豆制止烦渴，解毒，消肿，下气。不要去掉绿豆的皮。

红白饭豆①粥

补中暖胃，肾病宜之。补血实胃，调经②益气。

【注释】

①红白饭豆：红色、白色的饭豆。饭豆，又称眉豆、饭豇豆、米豆等，系豆科植物豇豆的籽粒，颜色和花纹较为多样。其含蛋白质、脂肪、糖类、膳食纤维、维生素、矿物质、酪氨酸酶等，味甘、性温，常用于健脾除湿、补血解毒等。

②调经：中医术语，指调理月经，即治疗月经病证的统称。

【今译】

红白饭豆补养脾胃之气、温暖胃，患肾病的人适合使用它。它补血、使胃充实，调理月经、有益于身体之气。

赤小豆[①]粥

行水[②]消肿。心病[③]宜之。久服瘦人。

【注释】

①赤小豆：豆科植物赤小豆或赤豆的成熟种子，含蛋白质、脂肪、膳食纤维、矿物质、维生素、糖类等。其味甘酸，性平，常用于利湿消肿、清热退黄、解毒排脓等。赤小豆和红豆虽然颜色接近，但是两种不同的豆子。赤小豆呈扁形或短圆柱形，红豆呈椭圆形，个体比赤小豆大；赤小豆为暗红色或暗紫色，红豆为鲜红色或枣红色；赤小豆口感较硬，红豆口感软而绵密。

②行水：中医术语，指使水道通畅、利水祛湿。

③心病：中医病证名，指心中之结无法释解导致的疾病。非心脏病。

【今译】

赤小豆使水道通畅、消肿。患心病的人适合食用它。长时间服食赤小豆使人变瘦。

豌豆[①]粥

益中平气，脾胃宜之。

【注释】

①豌豆：豆科植物豌豆的种子，含蛋白质、脂肪、胡萝卜素、维生素、矿物质等。其味甘，性平，常用于和中下气、通乳利水、解毒等。

【今译】

豌豆有益于脾胃之气，使气机平和，对脾胃适合。

蚕豆粥①

快胃，利脏腑。或先煮熟，或捣末再入粥同煮。

【注释】

①蚕豆粥：参见本书『老老恒言·粥谱』之『蚕豆粥』。

【今译】

蚕豆使胃畅快，有利于脏腑。或者先将蚕豆煮熟，再放进粥里煮；或者将蚕豆捣成碎末，再放进粥里一起煮。

扁豆粥①

镇脾，消暑。白者胜。补中去皮，解暑连皮。

【注释】

①扁豆粥：参见本书『老老恒言·粥谱』之『扁豆粥』。

【今译】

扁豆使脾镇定，消除暑热。白色的扁豆最好。扁豆补养脾胃之气要去掉皮用，解除暑热要连皮用。

芸豆①粥

益脾胃。北人谓之芸豆，南名二季豆。同粳米作粥，治思虑过度②、虚火炎上③。

【注释】

①芸豆：即菜豆，又称二季豆、四季豆，含蛋白质、脂肪、膳食纤维、维生素、矿物质等。它的嫩荚和种子可作为蔬菜，也可制成罐头、咸菜等。

②思虑过度：中医认为，思虑过度伤脾胃、伤心。《黄帝内经·素问·举痛论篇第三十九》：『思则心有所存，神有所归，正气留而不行，故气结矣。』清朝医家吴谦等所编《医宗金鉴》：『或平素多思不断，情志不遂；或偶触惊疑，卒临景遇，因而形神俱病。』

③虚火炎上：即虚火上炎，中医病证名，指虚火上升导致的咽痛、牙痛、头昏目眩、心烦不眠、舌质嫩红、耳鸣健忘、手足心热、目赤、口舌生疮等。

【今译】

芸豆对脾胃有益处。北方人所称芸豆，在南方叫二季豆。芸豆与粳米一起煮粥，治疗思虑过度、虚火炎上。

豇豆①粥

补肾，入少盐同煮。止吐逆，入少姜同煮。

【注释】

①豇豆：豆科植物豇豆的种子，又称角豆、姜豆等，含蛋白质、维生素、矿物质、磷脂等。其味甘咸，性平，常用于健脾补肾、理中益气、清热解毒等。

【今译】

补肾，加入少量的盐，与豇豆、粥一起煮。制止呕吐而气逆，加入少量的姜，与豇豆、粥一起煮。

刀豆①粥

益肾补元，止呃逆②。

【注释】

①刀豆：又称葛豆、挟剑豆等，系豆科植物刀豆的成熟种子，含蛋白质、脂肪、矿物质、尿毒酶、血细胞凝集素、刀豆氨酸、刀豆赤霉等。其味甘，性平，常用于温中下气、止呃逆、益肾、利肠胃等。

②呃逆：即打嗝。

【今译】

刀豆益肾、补充元气，制止打嗝。

彬豆[1]粥

开肠胃，利小便。西北人多莳之[2]以供粥。

【注释】

①彬豆：

②莳（shì）：栽种。

【今译】

彬豆促进肠胃蠕动，通利小便。西北地区的人大多种植它，用它来做粥。

泥豆[1]粥

下气凉血。

【注释】

①泥豆：秋大豆的一种，因果实外有膜如泥色，故名。

【今译】

泥豆下气，使血恢复正常运行。

爬山豆粥①

下气通关②，养肾益脾。

【注释】

①爬山豆：又称米豆、竹豆，属豇豆的一个品种。其根亦可入药。

②通关：疏通关窍。关，指关窍，即穴位。

【今译】

爬山豆下气，疏通关窍，养肾益脾。

脂麻①粥

九蒸晒②，挼③去皮，和粳米煮粥。大益人。

【注释】

①脂麻：即芝麻。其含大量的脂肪和蛋白质，及膳食纤维、糖类、维生素、矿物质等，味甘、性平，常用于补肝肾、益精血、润肠燥、通乳等。

②九蒸晒：即九蒸九晒，中医术语，系中药炮制方法之一，指将中药材用蒸法后晒干，如此反复九次。

③挼（ruó）：搓揉。

【今译】

将芝麻九蒸九晒，把皮搓揉掉，与粳米一起煮粥。它对人体非常有益。

苡仁粥①

补气，利肠胃，去风痹，治筋挛②，消肿，治湿邪。

【注释】

①苡仁粥：参见本书『老老恒言·粥谱』之『薏苡粥』。苡仁，即薏苡仁。

②筋挛：中医病证名，指肢体筋脉收缩抽急，不能舒转自如。

【今译】

苡仁补气，疏利肠胃，除去风痹，治疗筋挛，消肿，治疗湿邪。

苽米①粥

解热调胃。即茭白子，一名雕胡。

【注释】

①苽(gū)米：即菰米，系禾本科植物菰的种子。菰的茎是茭白。菰米含蛋白质、氨基酸、维生素、矿物质等，味甘、性冷，常用于解烦止渴、调肠胃等。

【今译】

菰米解除热邪、调理胃。它就是茭白子，又叫雕胡。

涝糟[1]粥

温中暖胃。

【注释】

①涝糟：即醪糟，又称酒酿等，是用糯米发酵而成的米酒，是流行于江南地区的风味食品。其含糖类、蛋白质、维生素、矿物质、总酸及少量乙醇等，常用于助消化、补气养血、解渴消暑等。

【今译】

醪糟温和脾胃之气、温暖胃。

谷芽[1]粥

去壳，炒、研入粥。消食，除闷胀。久食伐脾[2]。

【注释】

①谷芽：禾本科植物粟或稻的成熟果实发芽者，干燥后入药。其味甘，性温，常用于消食和中、健脾开胃等。

②伐脾：损害脾。伐，攻伐、克伐。

【今译】

将谷芽去掉壳，炒一炒、研碎，然后加进粥里。它消食，解除闷胀。长期食用它会损害脾。

麦牙[1]粥

久食消肾[2]。同谷芽。

【注释】

①麦牙：禾本科植物大麦的成熟果实发芽者，干燥后入药。其含淀粉酶、转化糖酶、蛋白质、维生素B、卵磷脂、麦芽糖、葡萄糖等，味甘，性平，常用于行气消食、健脾开胃、回乳消胀等。

②消肾：中医病证名，又称下消、肾痟、内消，指尿频量多，色如膏脂或甜。

【今译】

长期食用麦芽患消肾病。它的功效与谷芽一样。

豆芽[1]粥

黄豆芽粥补不足，绿豆芽去火并助生气。切细入。取汤亦可。

【注释】

①豆芽：黄豆或绿豆发芽者，富含氨基酸、维生素、膳食纤维等。黄豆芽味甘，性凉，常用于清热利湿、消肿除痹、润肌肤等。绿豆芽味甘，性凉，常用于清暑解毒、利尿消肿、通经脉、调五脏等。

【今译】

黄豆芽粥补充身体欠缺的，绿豆芽去火、助长生气。将豆芽切细放进粥里。用豆芽汤煮粥也可以。

饧[1]粥

缓中，温肺止嗽，表邪[2]，和胃。糯米尤胜。即饴糖。

【注释】

①饧（xíng）：即糖稀，又称饴糖，由麦芽与碎米混在一起制成的糖，含麦芽糖、葡萄糖、糊精等。糖稀广泛用于制作糖果、糕点。其味甘，性温，常用于缓中、补虚、润肺等。

②表邪：使邪气出到表面，指去除邪气。

【今译】

饧缓和脾胃之气，温肺止咳，去除邪气，温和胃。用糯米与饧煮粥尤其好。饧就是饴糖。

豆豉[1]粥

发汗，止盗汗。炒，止血痢。发汗加葱，止血痢加蒜薤[2]。

【注释】

①豆豉：又称幽菽，由熟黄豆或黑豆经发酵而成的食品，可以调味，也可入药。其含蛋白质、氨基酸、乳酸、矿物质、维生素等，味咸，性温，常用于疏风解表、清热除湿、祛烦宣郁、解毒等。

②薤（xiè）：即火葱，又称莱芝、藠（jiào）头等，含糖分、蛋白质、维生素、矿物质、膳食纤维、果胶等。其味辛，性温，常用于除寒热、去水气、温中轻身等。

【今译】

豆豉发汗，制止盗汗。将豆豉炒一炒，制止血痢。使用豆豉发汗，加葱；使用豆豉止血痢，加蒜、薤。

豆浆①粥

宜胃和中。豆乳②宜老人。豆乳皮③宜产妇。

【注释】

①豆浆：将大豆用水泡涨后磨碎过滤、煮沸而成，含蛋白质、磷脂、维生素、矿物质等。其味甘，性平，常用于补虚清火、化痰通淋等。

②豆乳：此处指豆浆。

③豆乳皮：指豆浆加热后在表面形成的一层皮。

【今译】

豆浆对胃有益，调和脾胃之气。豆浆适合老人。豆浆皮适合产妇。

红曲①粥

活血消食。

【注释】

①红曲：古人发明的食用色素，又称丹曲，指将真菌红曲霉培养在稻米上形成的红曲米，主要含活性成分，可用于制作红烧肉、腐乳、酒等。其味甘，性温，常用于健脾消食、活血化瘀等。

【今译】

红曲活血、消食。身体。

神曲[1]粥

化食下气，解疫[2]。

【注释】

①神曲：详见本书『粥谱』之『盐米粥』注释②。

②解疫：解除疫毒。疫，疫毒，指导致瘟疫发生的疠气。明代医家吴又可所撰《瘟疫论》：『夫温疫之为病，非风、非寒、非暑、非湿，乃天地间别有一种异气所感。』

【今译】

神曲消食、下气，解除疫毒。

寒食[1]粥

治饱暖[2]。

【注释】

①寒食：即寒食节，『禁烟节』『冷节』，传统节日之一，通常在清明节前一天。这一天，家家户户不生火做饭，只吃冷食，故名。后与清明节合二为一，唐朝之后势微。寒食粥并无特定的食材，种类多样。

②治饱暖：古时，人们在寒食节当天不生火做饭，因而会出现饥饿、寒冷感，故曰治饱暖。

【今译】

寒食节治疗过度的饱暖。

口数粥①

十二月二十五日，用赤小豆煮粥，举家食。见《范石湖集》②。

【注释】

①口数粥：古时饮食风俗之一。腊月（十二月）二十五这一天，古人煮粥，全家同食，连襁褓之中的婴儿、家中禽畜均有份，故名。

②《范石湖集》：南宋范成大的诗词集。其中收录《口数粥行》，原文为：『家家腊月二十五，淅米如珠和豆煮；大杓辘铛分口数，疫鬼闻香走无处。锼姜屑桂浇蔗糖，滑甘无比胜黄粱。全家团栾罢晚饭，在远行人亦留分。褓中孩子强教尝，余波遍沾获与臧。新元叶气调玉烛，天行已过来万福；物无疵疠年谷熟，长向腊残分豆粥。』

【今译】

十二月二十五日，家家户户用赤小豆煮粥，全家一起食用。这在《范石湖集》中有记载。

火齐粥①

见《史记·仓公传》②。

【注释】

①火齐粥：又称火齐汤，一说古代治痹症的汤药名，已失传。一说指黄连解毒汤。清代医家尤怡所撰《医学读书记·卷下》：『仓公治病，恒用火齐汤，而其方不传。刘宗浓云即古方黄连解毒汤是。未知何据？按：仓公用治齐郎中令之涌疝中热，不得前溲；齐王太后之风瘅热客脬，难于大小便，溺赤。则亦清寒彻热之剂也夫！』

②《史记·仓公传》：即《史记·扁鹊仓公列传第四十五》。该文七次提及『火齐』之名，有『火齐汤』『液汤火齐』『火齐米汁』『火齐粥』众说。关于火齐粥，其中有言：『臣意即以火齐粥且饮，六日气下；即令更服丸药，出入六日，病已。』仓公，即淳于意，西汉时医家。

【今译】

关于火齐粥的记载，见于《史记·扁鹊仓公列传第四十五》。

粥品二　蔬类

姜粥①

温中辟恶。姜汁调粥，化痰。粉②和中。

【注释】

①姜粥：参见本书『老老恒言·粥谱』之『姜粥』。

②粉：姜粉，生姜晾晒甘之后研磨成粉。

【今译】

生姜温和脾胃之气，祛除损害身体之气。用姜汁作为调料放进粥里，能化痰。把姜粉加进粥里，能缓和脾胃之气。

葱粥①

通气，活血，散寒。

【注释】

①①葱粥：同葱白粥。参见本书『老老恒言·粥谱』之『葱白粥』。

②通气：中医术语，使气脉通达。

【今译】

大葱使气脉通达，活血，驱散寒邪。

韭子粥[1]

濇精[2]。韭菜粥暖下。

【注释】

①韭子粥：参见本书『老老恒言·粥谱』之『韭子粥』。

②濇(sè)精：固精。濇，同『涩』。

【今译】

韭子固精。韭菜粥温暖肾脏之气。

薤白[1]粥

通滞，治冷痢[2]。独蒜[3]同，辟瘟，解诸毒。小蒜[4]温中。即藠子。

【注释】

①薤白：即薤近根部的鳞茎。其味苦辛，性温，常用于除寒热、去水气，温中散气、补虚解毒等。参加本书『粥谱』之『豆豉粥』注释②。

②冷痢：中医病证名，指由肠虚寒所致的痢疾。

③独蒜：又称独头蒜，指只有一个蒜瓣的大蒜。

④小蒜：即薤。

【今译】

薤白开通阻滞，治疗冷痢。它与独蒜的功效相同，避免瘟疫，解除各种毒素。薤温和脾胃之气。薤白就是藠子。

菘菜①粥

除烦，下气消食，滑口②。少姜同煮尤佳。俗名曰白菜。

【注释】

①菘（sōng）菜：即大白菜，又称包心白等，含蛋白质、脂肪、膳食纤维、胡萝卜素、维生素、矿物质等。其味甘，性凉，常用于解热除烦、生津止渴、清肺消痰、通利肠胃等。

②滑口：使进食顺滑。

【今译】

菘菜解除烦热，下气、消食，使进食顺滑。用少许姜与菘菜一起煮，尤其好。菘菜俗称白菜。

乌金白菜①粥

悦胃，可口。或名瓢儿菜，或名过冬白。

【注释】

①乌金白菜：白菜的一种，指叶片呈墨绿色的白菜，通常称为油菜。

【今译】

乌金白菜使胃愉悦，可口。它在有的地方叫瓢儿菜，有在有的地方叫过冬白。

芥菜粥①

豁痰②利膈。青菜同。芥种甚多，白者胜。入粥和中通滞，子明目。

【注释】

①芥菜粥：参见本书『老老恒言·粥谱』之『芥菜粥』。

②豁痰：化痰。豁，消散。

【今译】

芥菜化痰，使胸膈顺气、消除胀满。它的功效与青菜相同。芥菜的种类较多，白色的最好。将芥菜放进粥里，温和脾胃之气、开通阻滞，它的种子明目。

莱菔粥①

消食利膈，通大小便，治痢，制面毒②。

【注释】

①莱菔粥：参见本书『老老恒言·粥谱』之『莱菔粥』。

②面毒：中医认为，面粉有微毒。《本草纲目》：『甘，温，有微毒。不能消热止烦』，『时珍曰：北面性温，食之不渴；南面性热，食之烦渴；西边面性凉，皆地气使然也。吞汉椒、食萝卜，皆能解其毒，见萝卜条。……按：李鹏飞《延寿书》云：北多霜雪，故面无毒；南方雪少，故面有毒』。由此可见，面毒指面粉的性热。

【今译】

莱菔消食、使胸膈顺气并消除胀满，使大便、小便畅通，治疗痢疾，解除面的毒性。

苋菜粥①

和血，止初痢②。红者止白痢③，白者止红痢④。又赤苋和粳米作粥，止血痢。见《寿亲养老书》。

【注释】

①苋菜粥：参见本书《老老恒言·粥谱》之『苋菜粥』。

②初痢：即刚发病的痢疾。初，初起。

③白痢：中医病证名，指便下白色黏冻或脓液的痢疾。

④红痢：中医病证名，指便中带脓血的痢疾。

【今译】

苋菜温和血，制止刚发病的痢疾。红色的苋菜制止白痢，白色的痢疾制止红痢。另外红色的苋菜与粳米煮粥，制止血痢。这个参见《寿亲养老书》。

油菜①粥

下气。即芸苔。

【注释】

①油菜：又名青菜、小白菜等，含蛋白质、矿物质、维生素、胡萝卜素、膳食纤维等。其味甘，性凉，常用于行滞活血、消肿解毒等。

【今译】

油菜下气。油菜就是芸苔。

红油菜[1]粥

散郁。即卷葹，又名多心菜。

【注释】

①红油菜：油菜的一种，茎为紫红色，叶较小，有多个旁枝。

【今译】

红油菜驱散气郁。红油菜就是卷葹，又叫多心菜。

芹菜[1]粥

去伏热[2]，利胃，通膈。水芹[3]肥健人。

【注释】

①芹菜：分为本芹（包括水芹、旱芹）、西芹两种，含蛋白质、脂肪、糖类、矿物质、胡萝卜素、维生素、氨基酸等。其味甘，性凉，常用于清热、利水、降压、祛脂等。

②伏热：盛夏的热邪。伏，夏季最炎热的时候。

③水芹：芹菜的一种，枝干较纤细，叶子细小，一般生于水边或水田中。其茎、叶晒干后入药。

【今译】

芹菜去除盛夏的热邪，有利于胃，使胸膈通畅。水芹使人肥硕健壮。

菠菜粥①

润燥滑中。

【注释】

①菠菜粥：参见本书『老老恒言·粥谱』之『菠菜粥』。

【今译】

菠菜滋润燥气，使脾胃之气顺滑。

蕹菜①粥

温中滑产。

【注释】

①蕹（wèng）菜：即空心菜，含蛋白质、膳食纤维、矿物质等。其味甘，性寒，常用于止血凉血、利尿除湿、清热解毒等。

【今译】

蕹菜温和脾胃之气，使生产顺滑。

莴苣[1]粥

清胃[2]，通经脉，通乳汁。乳不行[3]，用子及糯米、粳米各半煮粥，频食之。

【注释】

①莴苣：又称莴笋、莴菜等，含蛋白质、脂肪、维生素、矿物质、膳食纤维等。其味甘，性凉，常用于消积下气、利尿通乳、宽肠通便等。

②清胃：清除胃火。

③乳不行：中医病证名，指乳汁不行（不通）或乳脉不行。

【今译】

莴苣清除胃火，疏通经脉，使乳汁畅通。乳汁或乳脉不行，用莴苣的种子以及糯米、粳米各半一起煮粥，连续食用。

胡萝卜[1]粥

宽中下气，散滞和血。血病人[2]宜之。

【注释】

①胡萝卜：有红色、黄色两种，含糖类、脂肪、挥发油、维生素、花青素、矿物质等，尤其富含胡萝卜素、木质素，被誉为『小人参』。其味甘，性平，常用于健脾化滞、宽中下气、补中利膈、安五脏、除寒食等。

②血病人：血分有病的人。血分，中医术语，指外感温热病最深重的病理阶段，心、肝、肾等脏器受邪而引起耗血、动血。

【今译】

胡萝卜宽中、下气，疏散滞积、温和血。血分有病的人适合它。

蔓菁[①]粥

消食健人。中州[②]、河北[③]喜食之。子明目，花同，煮去苦水。

【注释】

①蔓菁：即蔓菁，又称芜菁、芥蓝等，俗称大头菜，含蛋白质、膳食纤维、糖、淀粉、维生素等。其味苦，性温，利五脏、止消渴、消食解毒、轻身益气等。它的块根常来腌制咸菜。

②中州：河南的古称。

③河北：古时指黄河以北的地区，包括幽州、冀州等。

【今译】

蔓菁消食，使人强健。中州、河北地区的人喜欢食用它。蔓菁的种子明目，它的花与种子的功效相同，使用时煮去它所含的苦水。

荠菜[1]粥

明目，补肝。子补五脏，明目。

【注释】

①荠菜：又称地菜等，野菜的一种，含膳食纤维、蛋白质、脂肪、糖类、胡萝卜素、维生素、矿物质、芥菜碱、黄酮类等。其味甘，性凉，常用于清热利水、平肝和脾、消肿止血、明目等。

【今译】

荠菜明目，补养肝。荠菜的种子补养五脏，明目。

马齿苋[1]粥

治痹，消肿，通大肠，治痢。子煮粥，明目去瞖[2]。

【注释】

①马齿苋：又称马齿菜，蚂蚱菜等，含二羟乙胺、苹果酸、葡萄糖、矿物质、维生素等。其味酸，性寒，常用破痃癖、止消渴、散血消肿、利肠滑胎、解毒通淋等。

②瞖（yì）：同「翳」，指眼角膜上所生的障蔽视线的白斑或白内障。

【今译】

马齿苋治疗痹症，消肿，使大肠通畅，治疗痢疾。用马齿苋的种子煮粥，明目去翳。

蒲公英①粥

下乳，治乳痈②。

【注释】

①蒲公英：又称金簪草、黄花地丁等，含蛋白质、维生素、矿物质、菊糖、胆碱等。其味甘，性平，常用于解食毒、散滞气、化热毒、消恶肿、乌须发、壮筋骨等。

②乳痈：中医病证名，指乳房红肿疼痛、乳汁排出不畅导致乳房结脓成痈。

【今译】

蒲公英使乳汁变多，治疗乳痈。

冬苋菜①粥

滑窍②，顺胎③。即锦葵。痢疾、淋证宜食之。

【注释】

①冬苋菜：即冬葵，又称冬寒菜、葵菜等，含蛋白质、脂肪、矿物质、胡萝卜素膳食纤维、维生素等，幼苗或嫩茎叶可炒食、做汤与馅料等。其味甘，性寒，常用于利尿催乳、通滞解毒、润燥利窍等。

②滑窍：中医术语，使九窍顺滑。

③顺胎：中医术语，使胎气顺畅。

【今译】

冬苋菜使九窍顺滑，使胎气顺畅。冬苋菜就是锦葵。患痢疾、淋证的人适合食用它。

染绛菜①粥

滑口，好颜色②，和血。即落葵，一名胭脂豆。

【注释】：

①染绛菜：即落葵，又称胭脂菜、天葵等，俗称木耳菜，含蛋白质、脂肪、胡萝卜素、维生素、矿物质等，食用口感鲜嫩软滑。其味甘酸，性寒，常用于滑肠通便、凉血解毒、清热利湿等。

②好颜色：使脸色好。

【今译】

染绛菜使进食顺滑，使脸色好，温和血。染绛菜就是落葵，又叫胭脂豆。

巢菜①粥

清热，开胃。川名苕子。

【注释】：

①巢菜：又称苕菜，指豆科植物野豌豆的嫩叶或茎叶，含蛋白质、维生素、矿物质等。有大巢菜、小巢菜两种。其味辛，性平，常用于解表利湿、活血止血、调中润肠等。

【今译】

巢菜清除热邪，开胃。巢菜在四川叫苕子。

藜①粥

治癞风②，杀虫。

【注释】

①藜：又称落藜、灰藜、灰蓼头草、灰灰菜等，含蛋白质、脂肪、膳食纤维、胡萝卜素、维生素、矿物质、挥发油、生物碱等。其味甘，性平，常用于清热利湿，止痒杀虫，解毒止泻等。

②癞风：中医病证名，分白癞风、紫癞风两种。明代医家龚信辑《古今医鉴》：『白癞风者，面皮、颈项、身体、皮肤色变为白，与肉色不同，亦不痒痛，谓之曰白癞。此亦风邪搏于皮肤之间，气血不和所生也。紫癞风者，多在四肢或身上，或紫疙瘩如赤豆疔状是也。此为风热壅结而然。』

【今译】

藜治疗癞风，杀虫。

苜蓿①粥

嫩蔬入粥。味清美，利脾胃，清内热。子壮目。

【注释】

①苜蓿：又称金花菜、光风草等，含蛋白质、膳食纤维、维生素、矿物质等，既可食用，又可作为饲料。其味苦，性平，常用于安中利肠，利五脏，清热除湿等。

【今译】

用苜蓿的嫩芽煮粥。苜蓿味道清香可口，有利于脾胃，清除内热。苜蓿的种子增强视力。

蒌蒿①粥

可口，悦脾胃。一名秦荻藜，即藜蒿。

【注释】

①蒌蒿：又称白蒿、闾蒿、香艾等，含蛋白质、脂肪、胡萝卜素、维生素、矿物质等。其味甘，性平，常用于利膈开胃、补中益气、杀河豚鱼毒等。

【今译】

蒌蒿味道可口，使脾胃愉悦。蒌蒿又叫秦荻藜，就是藜蒿。

茼蒿①粥

养胃消痰。白即繁蒿，理气。青蒿②镇肝邪。

【注释】

①茼蒿：又称蓬蒿、菊花菜等，含含蛋白质、脂肪、糖类、膳食纤维、维生素、氨基酸、矿物质等。其味甘辛，性凉，常用于清肺化痰、消肿利尿、和脾胃、安心神等。

②青蒿：又称草蒿、香蒿等，含苦味质、挥发油、青蒿碱、维生素等。其味苦辛，性寒，常用于清热消痰、补中益气、凉血明目等。

【今译】

茼蒿养胃化痰。开白色花的茼蒿就是繁蒿，疏理气机。青蒿压制肝的病邪。

莙荙①粥

健胃益脾。川名牛脾菜。

【注释】

①莙(jūn)荙(dá)：即莙荙菜，又称厚皮菜、猪菠菜等，含蛋白质、脂肪、膳食纤维、胡萝卜素、维生素、矿物质等。其味甘，性凉，常用于清热解毒、行瘀止血、补中下气等。

【今译】

莙荙使胃强健、有益于脾。莙荙在四川叫牛脾菜。

苦荬①菜

下乳，清热。

【注释】

①苦荬：即苦荬菜，含蛋白质、脂肪、膳食纤维、胡萝卜素、维生素、氨基酸、矿物质等。既可入药，又可作为饲料。其味苦，性寒，常用于清热解毒、消肿止痛、止血生机等。

【今译】

苦荬使乳汁变多，清除热邪。

茴香①粥

和胃治疝。嫩叶、脆根俱可入，不宜太多。

【注释】

①茴香：又称小茴香，含蛋白质、脂肪、维生素、胡萝卜素、膳食纤维、挥发油等，一般搭配肉食使用。其味辛，性温，常用于温肾散寒、和胃理气。茴香的成熟果实干燥后可作为香料。

【今译】

茴香温和胃、治疗疝气。茴香的嫩叶、脆根都能加入粥里，不适合加得太多。

兰香菜①粥

去恶。

【注释】

①兰香菜：即留兰香，又名香薄荷，含挥发油、酚酸类、黄酮类等，嫩枝、叶常作调味香料，提取物可用于制造糖果、牙膏等。其味甘辛，性温，常用于祛风散寒、理气止痛、消肿解毒、止咳等。

【今译】

兰香菜祛除损害身体之气。

芫荽[1]粥

去秽[2]，消食，表疹[3]。多食令人忘。

【注释】

①芫荽：又称香菜，含维生素、胡萝卜素、矿物质、挥发油、苹果酸钾等。其味辛，性温，常用于发表透疹、健胃消食等。

②秽：指致病的污秽之气或物。

③表疹：皮肤上的疮疹。《丹溪心法·卷二》：『小红靥行皮肤之中不出者，属少阴君火也，谓之疹。』

【今译】

芫荽祛除污秽，消食，治疗皮肤上的疮疹。多食用芫荽使人健忘。

蕨菜[1]粥

利水。消人阳气，不宜多食。俭岁[2]可充饥。粉[3]微胜。

【注释】

①蕨菜：又称山野菜、龙爪菜，含蛋白质、脂肪、糖类、有机酸等。幼嫩茎叶鲜品和干制品能食用，凉拌、炒食、焖煮、做汤均可。根茎入药，味涩，性平，常用于清热解毒、润肠化痰等。

②俭岁：欠收的岁月。

③粉：指蕨粉，用干燥的蕨菜根茎研磨而成。

【今译】

蕨菜通利水道。它消耗人的阳气，不适合多吃。欠收的岁月里，可用蕨菜充饥。蕨粉稍微好一些。

黄瓜菜①粥

通结气，利肠胃。和粥充饥。

【注释】

①黄瓜菜：《本草纲目》：『其花黄，其气如瓜，故名』，『形似油菜，但味少苦。取为虀茹，甚香美』。其味甘、微苦，性微寒，常用于通结气，利肠胃。

【今译】

黄瓜菜使郁结的气机畅通，有利于肠胃。将它放进粥里能充饥。

辣米菜①粥

去心腹冷气②，消食，豁冷痰③。即蔊菜。略沟④过入粥。

【注释】

①辣米菜：又名塘葛菜、蔊(hǎn)菜、野油菜等，含蛋白质、脂肪、膳食纤维、胡萝卜素、维生素、蔊菜素、蔊菜酰胺等。其味苦，性凉，常用于清热解毒、止咳化痰、活血通络、解表利湿等。

②冷气：中医术语。《诸病源候论·气病诸候》：『夫脏气虚，则内生寒也。气常行腑脏，腑脏受寒冷，即气为寒冷所并，故为冷气。』

③冷痰：中医病证名，指气虚或阳虚引起脾胃虚弱而导致的其状或腹胀，或腹痛，甚则气逆上而面青、手足冷。痰结。

④沟(yuè)：同『瀹』，煮。

【今译】

辣米菜去除心腹遭受的冷气，消食，化解冷痰。它就是蔊菜。将它稍微煮一下，再加进粥里。

墨头菜①粥

治血痢，生眉发。即旱莲草，止血效。

【注释】

①墨头菜：又称鳢肠、莲子草、墨头草、墨菜等，含维生素、皂甙、鞣质、鳢肠素、蟛蜞菊内酯等。其味甘酸，性平，常用于乌髭发、益肾阴、止血排脓、通小肠等。

【今译】

墨头菜治疗血痢，利于眉毛、头发生长。它就是旱莲草，止血有效。

鼠曲菜①粥

调中止嗽，压时气②。瀹入。楚③名米曲，川名青明菜、大茅香。

【注释】

①鼠曲菜：即鼠曲草，又称清明菜、鼠耳、无心草、香茅等，含蛋白质、脂肪、维生素、胡萝卜素、矿物质等，古时用它制饼。其味甘，性平，常用于调中益气、止泄除痰、去热嗽等。

②时气：即时疫。

③楚：指楚地，即古楚国所辖地区，主要包括长江中下游地区。

【今译】

鼠曲菜调和脾胃之气，制止咳嗽，压制流行一时的传染病。将它煮一下之后加进粥里。它在楚地叫米曲，在四川叫青明菜、大茅香。

莼菜[1]粥

滑口，洩[2]热下气。初秋食之，能去伏热。宜风秘[3]人。

【注释】

①莼菜：又名马蹄菜、湖菜，含多糖、蛋白质、氨基酸、维生素、组胺、矿物质等，口感鲜美滑嫩，通常用于制作汤羹。其味甘，性寒，常用于清热解毒、止呕、止泄痢等。

②洩（xiè）：同『泄』。

③风秘：中医病证名，指由风邪导致的大便秘结。明代医家戴元礼所撰《证治要诀》：『风秘之病，由风搏肺脏，传于大肠，故传化难。』

【今译】

莼菜使进食顺滑，泄热下气。初秋的时候食用莼菜，能除去盛夏的热邪。它适合患风秘的人。

甘蓝[1]粥

益腑脏，利经络，令人睡。北人谓之擘蓝。

【注释】

①甘蓝：含蛋白质、膳食纤维、矿物质、维生素、植化素、氨基酸等，味甘，性平，常用于益肾健人、利脏腑关节、通结气、明耳目、益心力，壮筋骨等。它的变种较多，诸如卷心菜、花椰菜、青花菜、紫甘蓝等。

【今译】

甘蓝有利于脏腑，使经络通畅，能让人睡觉。北方人称它为擘蓝。

荇菜①粥

去亢热②。即莕、接余。叶如蓴③而尖长，长随水。

【注释】

①荇(xìng)菜：又称驴蹄菜、水荷叶等，含蛋白质、胡萝卜素、维生素、矿物质、槲皮素、有机酸等。其味甘，性寒，常用于清热解毒、利尿消肿、发汗透疹等。

②亢热：亢盛的热邪。

③蓴(chún)：同『莼』。

【今译】

荇菜去除亢盛的热邪。它就是【草字头加杏】、接余。它的叶子像莼菜，但尖长，跟随水面而生长。

蘋菜①粥

止消渴，已②劳热，解胸结③。即四叶菜、田子菜。

【注释】

①蘋菜：即苹菜，又称四眼菜、夜和草等，含蛋白质、脂肪、维生素、矿物质、有机酸等。其味甘，性寒，常用于清热利水、消痰除烦、解毒止血等。

②已：停止，解除。

③胸结：中医病证名，又称结胸，指邪气郁结於胸中。

【今译】

蘋菜制止消渴，解除劳热，解除胸结。它就是四叶菜、田子菜。

发菜[1]粥

治治瘿，利大小肠，除结[2]，乌人发。

【注释】

①发菜：又称地毛菜、龙须菜、头发藻等，是一种陆地生藻类植物，含蛋白质、矿物质、糖类、藻胶等。其味甘，性寒，常用于消痰散结、清热止烦、利小便等。

②除结：解除郁结。

【今译】

发菜治疗瘿病，有利于大肠、小肠，解除郁结，使人的头发黑。

紫菜[1]粥

下气，消瘿[2]。

【注释】

①紫菜：红毛菜科植物甘紫菜的叶状体，含蛋白质、矿物质、胡萝卜素、维生素、氨基酸等。其味甘咸，性寒，常用于化痰软坚、清热利尿等。

②瘿：此处指瘿病形成的肿结，即瘿瘤。

【今译】

紫菜下气，消除瘿瘤。

绿菜①粥

清肝胃热。

【注释】

①绿菜：即石莼，又称海青菜、海莴苣、海白菜，是一种绿藻，含蛋白质、膳食纤维、维生素、有机酸、矿物质、麦角固醇等。其味甘咸，性寒，常用于利水消肿、软坚化痰、清热解毒等。

【今译】

绿菜清除肝、胃的热邪。

水笠子①粥

助脾，厚肠根②，益气。黄花名萍蓬，白花即睡莲、子午莲也。

【注释】

①水笠子：又称水栗子。《本草纲目》转引陈藏器所撰《本草拾遗》：『萍蓬草，即今水粟也。其子如粟，如蓬子也。俗人呼水粟包，又云水栗子，言其根味也。或作水笠。』其味甘涩，性平，常用于助脾厚肠，令人不饥等。

②肠根：肠的根基。

【今译】

水笠子有利于脾，保养肠的根基，有益于身体之气。开黄花的水笠子叫萍蓬，开白花的水笠子就是睡莲、子午莲。

蒲蒻①粥

去脏邪、口气②，和血。即蒲黄苗。

【注释】

①蒲蒻（ruò）：指香蒲科植物香蒲的根茎，含蛋白质、脂肪、膳食纤维、矿物质等，可作为蔬菜。其味甘，性凉，常用于清热凉血、利水消肿等。香蒲的花粉即蒲黄，叶子可用于编织袋子、垫子。

②口气：即口臭。

【今译】

蒲蒻去除五脏的邪气、口臭，温和血。蒲蒻就是蒲黄苗。

芦笋①粥

止呕，表痘疹②。

【注释】

①芦笋：又称荻笋等，系禾本科植物芦苇的嫩苗（与天门冬科植物石刁柏的嫩苗有别），含戊聚糖、薏苡素、蛋白质、脂肪、维生素等。其味甘，性寒，常用于清肺止渴、利水通淋、解毒止渴等。

②表痘疹：使痘疹出到表面。痘疹不出（不发）是一种病证。痘疹，即现代医学所说的天花。

【今译】

芦笋制止呕吐，使痘疹出到表面。

笋①粥

冬笋温中升元气，干笋消痰。鲜笋性各不同，多凉刮人②。

【注释】

①笋：即竹笋，含蛋白质、脂肪、氨基酸、膳食纤维、胡萝卜素、维生素、矿物质等。其味甘，性寒，常用于消渴利尿、利膈下气、清热消痰等。

②刮人：刮掉肚肠中的油脂。

【今译】

冬笋温和脾胃之气，使元气上升，干笋消除痰。鲜笋的性质各个不相同，大都性凉，刮掉肚肠中的油脂。

虀①粥

开口味，疗饥②。咸淡随宜。即范文正③所食黄虀粥也。

【注释】

①虀（jī）：同『齑』，咸菜。

②疗饥：充饥。

③范文正：即范仲淹。其谥号文正，世称范文正公，亦称范文正。

【今译】

虀粥开口味，充饥。是咸还是淡，随各人的口味。虀粥就是范仲淹所吃的黄虀粥。

缹粥①

川中诸寺，杂菜饵之属作粥，名缹粥。见放翁集②。

【注释】

①缹（fǒu）粥：用各种菜与米合在一起煮的粥。缹，煮。

②放翁集：即陆游诗文集。陆游，号放翁，世称陆放翁。其诗作《寺居睡觉·其二》：『披衣起坐清羸甚，想像云堂 粥香。』自注：『僧杂菜饵之属作粥，名缹粥。』

【今译】

四川那里的各个寺庙，用杂菜之类的菜蔬煮粥，叫缹粥。这个出自于陆游的诗文集。

粥品三　蔬食类　檽①类　蓏②类

①檽（ruǎn）：木耳。此处指真菌类食材。

②蓏（luǒ）：草木植物的果实。

山药粥[1]

益肾，补心脾不足[2]，滋肺，辟雾露。零余子[3]功同。

【注释】

①山药粥：参见本书『老老恒言·粥谱』之『山药粥』。

②心脾不足：即心脾两虚，中医病证名，指心血不足、脾气虚弱。

③零余子：又称山药豆，指山药在地上的叶腋间生长的块茎。其含蛋白质、维生素、矿物质、皂甙、多糖等，味甘，性温，常用于补虚损、益肾、强腰脚等。

【今译】

山药有利于肾，补充心脾不足，滋润肺，排除寒湿。零余子的功效与它相同。

芋[1]粥

厚肠胃，益气，滑口。

【注释】

①芋：即芋头，又名芋艿（nǎi），系天南星科植物芋的地下块茎，含淀粉、蛋白质、维生素、胡萝卜素、脂肪、矿物质等。其味甘，性平，常用于益脾胃、调中气、消肿散结等。

【今译】

芋头保养肠胃，有益于身体之气，使进食顺滑。

羊芋①粥

充饥。

【注释】

①羊芋：即洋芋，土豆。其含淀粉、蛋白质、脂肪、膳食纤维、矿物质、胡萝卜素、维生素等，味甘、性平，常用于和胃健中、解毒消肿等。

【今译】

羊芋充饥。

红蓣①粥

益气，厚肠胃，耐饥。即甘藷②。

【注释】

①红蓣(yù)：即红薯，又称山芋、地瓜(北方地区的称呼)等，系旋花科植物番薯的块根，含糖分、蛋白质、维生素、淀粉、膳食纤维、胡萝卜素等。其味甘，性平，常用于补虚乏、益气力、健脾胃、强肾阴等。

②甘藷(shǔ)：即甘薯。藷，同『薯』。

【今译】

红蓣有益于身体之气，保养肠胃，耐饥饿。它就是甘藷。

百合粥①

润肺止嗽。

【注释】

①百合粥：参见本书『老老恒言·粥谱』之『百合粥』。

【今译】

百合滋润肺，制止咳嗽。

地瓜①粥

止渴，愈聋。

【注释】

①地瓜：指豆薯（南方地区的称呼），又称凉薯，系豆科植物豆薯的块根，含淀粉、糖分、蛋白质、矿物质等。其味甘，性凉，常用于生津止渴、解酒毒等。

【今译】

地瓜制止烦渴，治愈耳聋。

甘露子①粥

利胃下气。川人呼为地蛹，楚名海螺菜，又名石蚕。

【注释】

①甘露子：指唇形科植物甘露子的根茎，又称草石蚕、地环、宝塔菜等。其含蛋白质、脂肪、水苏糖、氨基酸、葫芦巴碱等，味甘、性平，常用于祛热利湿、活血散瘀、补中益气等。

【今译】

甘露子有利于胃、下气。四川地区的人称它为地蛹，它在楚地叫海螺菜，又叫石蚕。

落花生①粥

润肺，止嗽，悦脾。

【注释】

①落花生：即花生，含脂肪油、氮物质、淀粉、膳食纤维、维生素等，既可榨油，又可用于制作润滑剂、淬火剂。其味甘，性平，常用于补中益气、和脾润肺、滑肠下痰等。

【今译】

落花生滋润肺，制止咳嗽，使脾愉悦。

长寿果①粥

宜胃，健脾。出松潘厅②及打剑鲈③。

【注释】

①长寿果：即无花果，又称阿驲、蜜果、文仙果等，含蛋白质、脂肪、膳食纤维、矿物质、维生素等。其味甘，性凉，常用于清热生津、健脾开胃、解毒消肿等。

②松潘厅：即松潘直隶厅，治所今四川松潘。直隶厅，清朝地方行政单位之一。

③打剑鲈（lú）：即打箭炉，今四川康定。

【今译】

长寿果对胃有益，使脾强健。它出自松潘厅及打箭炉。

莲子粥①

补中，交心肾②，固精气，安神志。或研末，或作粉，入粥尤佳。

【注释】

①莲子粥：参见本书『老老恒言·粥谱』之『莲肉粥』。莲子含蛋白质、膳食纤维、矿物质、维生素、莲心碱等。其味甘涩，性平，常用于补脾止泻、益肾涩精、养心安神等。

②交心肾：中医术语，即心肾相交，指心、肾之间相互资助、相互制约的关系。明代医家周之干所撰《慎斋遗书》：『心肾相交，全凭升降。而心气之降，由于肾气之升；肾气之升，由于心气之降。』

【今译】

莲子补养脾胃之气，使心肾相互资助，强固精气，安稳神志。或者将它研磨成碎末，或者将它制作成粉，加入粥里尤其好。

藕粥①

令人欢。藕粉入粥，养神宜胃。

【注释】

①藕粥：参见本书『老老恒言·粥谱』之『藕粥』。

【今译】

藕让人欢愉。藕粉加入粥里，养神、对胃有益。

鲜荷叶①粥

清神，升发胃气，调血②，止痢。

【注释】

①鲜荷叶：含生物碱、黄酮甙、有机酸、维生素等，味苦辛、性凉，常用于消暑利湿、健脾升阳、散瘀止血等。

②调血：中医术语，调和气血。

【今译】

鲜荷叶安神，提升胃气，调和气血，制止痢疾。

莲花①粥

清心②，轻身。须蕊研末入粥，通心肾③，固精养血。

【注释】

①莲花：即荷花，含挥发油、黄酮类、多酚等，味苦干、性平，多用于清心解暑、散瘀止血、消风祛湿等。

②清心：中医术语，即清心涤热，指清除心的热邪。

③通心肾：意思同上文『交心肾』。

【今译】

莲花清除心的热邪，使身体轻快。必须要将荷花的花蕊研磨成碎末加入粥里，使心肾互相资助，强固精气、保养血。

芡实粥①

固精气，强志意②，利关窍。合粳米煮粥佳，粉尤胜。

【注释】

①芡实粥：参见本书参见本书『老老恒言·粥谱』之『芡实粥』。

②志意：中医术语，指人的思维认知活动和精神情志。《黄帝内经·灵枢》：『志意者，所以御精神，收魂魄，适寒温，和喜怒者也。』

【今译】

芡实强固精气，增强志意，通利关窍。将芡实与粳米合在一起煮粥好，用芡实的粉煮粥尤其好。

菱角粥①

解内热。粉止渴。宜有热人。

【注释】

①菱角粥：参见本书『老老恒言·粥谱』之『菱粥』。

【今译】

菱角解除内热。菱角的粉制止烦渴。它适合有热邪的人。

荸荠①粥

消食磨积②。川人谓之地栗，或呼为慈姑。粉尤佳。

【注释】

①荸荠：又称又名马蹄、菩荠等，含蛋白质、脂肪、胡萝卜素、维生素、矿物质、膳食纤维，尤其富含磷。其味甘，性寒，常用于消渴痹热、温中益气、除热解毒、明耳目、厚肠胃等。

②磨积：消除积食。

【今译】

荸荠消食、消除积食。四川地区的人称它为地栗，或者称它为慈姑。荸荠的粉尤其好。

慈姑[1]粥

解热毒。川人谓之白地栗。

【注释】

①慈姑：又称藉姑、茨菰、白地栗等，含淀粉、蛋白质、脂肪、维生素、胆碱、甜菜碱等。其味苦，性寒，常用于凉血止血、止咳通淋、散结解毒、和胃厚肠等。慈姑和荸荠的区别在于：前者的叶片像箭头，后者无叶片，只有直立的秆；前者成熟后呈黄白色或青白色，后者成熟后呈深栗色或枣红色；前者的球茎呈圆形，芽长，后者的球茎为扁球形，芽短；前者不能生吃，后者可作为水果生吃，又可作为蔬菜。

【今译】

慈姑解除热毒。四川地区的人称它为白地栗。

木耳粥[1]

治痢，已痔，理[2]血病。白者补肺气。

【注释】

①木耳粥：参见本书『老老恒言·粥谱』之『木耳粥』。

②理：治疗。

【今译】

木耳治疗痢疾，治愈痔疮，治疗血分的病。白色的木耳补养肺气。

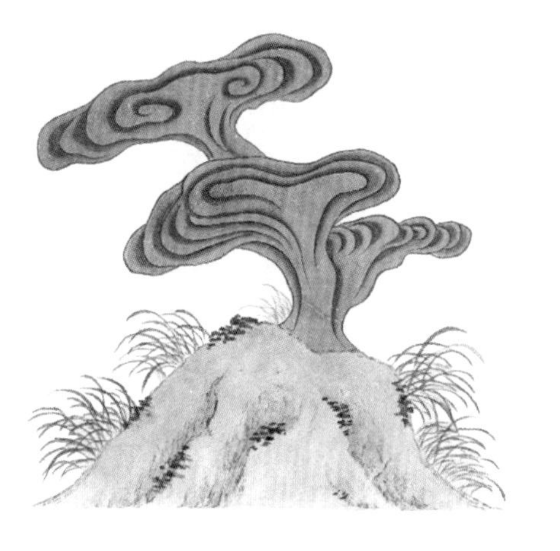

石耳①粥

明目益精。地耳②益精，令人有子。

【注释】

①石耳：一种菌类，又称灵芝、石木耳、岩菇等，含氨基酸、蛋白质、脂肪、糖类、膳食纤维、胡萝卜素、维生素、矿物质等。其味甘，性凉，常用于养阴润肺、凉血止血、清热解毒等。

②地耳：一种陆生藻类，又称地木耳、地皮菜等，含蛋白质、氨基酸、脂肪、矿物质、糖类等。其味甘，性凉，常用于清热明目、收敛益气等。

【今译】

石耳明目，有益于精气。地耳有益于精气，让人怀孕。

香蕈①粥

益气，蒂发痘。松蕈②治溲数③不禁，五台蕈④杀虫。

【注释】

①香蕈：即香菇，含蛋白质、维生素、膳食纤维、脂肪、矿物质等。其味甘，性平，常用于益气、不饥、出痘等。

②松蕈：即松口蘑，又名松茸，含多糖、多肽、氨基酸、蛋白质、矿物质、醇类等。其味淡，性温，常用于补肾强身、理气化痰等。

③溲数：中医病证名，指尿频。

④五台蕈：产于五台山的菌类。

【今译】

香蕈有益于身体之气，它的根蒂使痘疹发到表面。松蕈治疗溲数不停止，五台蕈杀死体内寄生虫。

蘑菇①粥

化痰。多食不宜。羊肚菌②同。鸡纵③止痔。

【注释】

①蘑菇：此处是食用蘑菇的统称。蘑菇均含蛋白质、脂肪、膳食纤维、矿物质、氨基酸等，味甘、性平，常用于健脾开胃、平肝提神、润燥化痰等。

②羊肚菌：一种珍稀食用菌，又称羊肚菜、羊蘑、草笠竹，因菌盖表面凹凸不平、状如羊肚而得名。

③鸡纵（zōng）：又作鸡枞，顶部呈伞状，因『纷披如鸡羽』而得名。

【今译】

蘑菇化痰。多食不好。羊肚菌与蘑菇的功效相同。鸡纵制止痔疮发作。

榆耳①粥

滑口，宜痔，益胃。

【注释】：

①榆耳：一种木耳，因生于榆木上而得名。

【今译】

榆耳使进食顺滑，适合治疗痔疮，对胃有益。

冬瓜①粥

散热②，宜胃，益脾。子益气，醒脾，炒研入粥。

【注释】：

①冬瓜：含蛋白质、维生素、膳食纤维、矿物质等，味甘、性寒，常用于利水厚肠、止渴解毒、去热消毒等。

②散热：中医术语，指消散外生的热邪。清代医家黄宫绣所撰《本草求真》：『热自外生者宜表宜散。热自内生者宜清宜泻。』

【今译】

冬瓜消散外生的热邪，对胃有益，对脾有好处。冬瓜的子有益于身体之气，醒脾，将它烘炒、研碎后加进粥里。

南瓜[1]粥

填[2]中悦口。京[3]中谓之倭瓜。

【注释】

①南瓜：含氨基酸、胡芦巴碱、胡萝卜素、维生素、脂肪、糖类等，味甘、性温，常用于补中益气、益心敛肺、解毒杀虫等。

②填：中医术语，指填实。

③京：京城，指北京。

【今译】

南瓜填实脾胃之气，可口。北京的人称它为倭瓜。

西瓜子仁[1]粥

清心，解内热。

【注释】

①西瓜子仁：含脂肪油、蛋白质、维生素、膳食纤维、氨基酸、皂甙等，味甘、性寒，常用于清肺润肠、和中止渴、化痰涤垢等。

【今译】

西瓜子仁清除心包的热邪，解除内热。

丝瓜①粥

除热。老者入药，入秋勿食。

【注释】

①丝瓜：含蛋白质、脂肪、维生素、皂甙、植物粘液、木糖胶、氨基酸等，味甘，性凉，常用于清热化痰、凉血解毒等。参见本书『老老恒言·粥谱』之『丝瓜叶粥。』

【今译】

丝瓜清除热邪。老丝瓜当作药物，进入秋季不要食用丝瓜。

锦瓜①粥

壮阳气。即苦瓜。子味甘。

【注释】

①锦瓜：即苦瓜，又称锦荔枝、癞葡萄，含蛋白质、膳食纤维、维生素、矿物质、脂肪等。其味苦，性寒，常用于除邪热、解劳乏、清心明目、益气壮阳等。

【今译】

锦瓜壮阳气。它就是苦瓜。它的种子味道甜。

茄①粥

清毒散肿。入秋勿食。

【注释】

①茄：即茄子，含蛋白质、脂肪、维生素、矿物质、生物碱、皂草甙等。其味甘，性寒，常用于散血止痛、消肿宽肠、清热解毒等。

【今译】

茄子清除病毒、消散肿结。进入秋季不要食用它。

瓠①粥

治心热②，利小肠，疗石淋。

【注释】

①瓠：指甜瓠子，含蛋白质、脂肪、维生素、膳食纤维、矿物质等。其味甘，性寒，常用于清热利水，除烦止渴等。参见本书《粥谱》之《稷米粥》注释②。

②心热：中医病证名，指心的热性病证。

【今译】

瓠子治疗心热，通利小肠，治疗石淋。

粥品四　木果类

枣粥①

补中益气，和脾胃，助经脉，和百药，调营卫。少少食有益。

【注释】

①枣粥：参见本书『老老恒言·粥谱』之『大枣粥』。

【今译】

枣子补养脾胃之气、有益于身体之气，调和脾胃，促进经脉流通，调和众药的药性，调理气血。少少地食用有好处。

栗子粥①

坚肾②，益腰脚，耐饥。榛子③及小栗悦胃。

【注释】

①栗子粥：参见本书『老老恒言·粥谱』之『栗粥』。

②坚肾：使肾强健。

③榛子：又名山板栗，为桦木科植物榛、川榛、毛榛的种仁，含油脂、蛋白质、脂肪、淀粉、维生素、氨基酸、矿物质等，有『坚果之王』的美称。其味甘，性平，常用于健脾和胃、润肺止咳、益气力、实肠胃等。

【今译】

栗子使肾强健，对腰、脚有好处，耐饥饿。榛子和小的栗子使胃愉悦。

杏仁粥①

润肺止嗽。捶细。

【注释】

①杏仁粥：参见本书《老老恒言·粥谱》之《杏仁粥》。

【今译】

杏仁滋润肺、制止咳嗽。要把杏仁捶成细末再放进粥里。

桃仁①粥

治血痢。

【注释】

①桃仁：蔷薇科植物桃或山桃的种仁，含蛋白质、脂肪、膳食纤维、苦杏仁苷、苦杏仁酶、挥发油等。其味苦甘，性平，常用于活血祛瘀、润肠通便、止咳平喘等。

【今译】

桃仁治疗血痢。

桃脯[1]粥

和胃悦口。苹婆[2]、林檎[3]、杏脯、瓜脯同。

【注释】

①桃脯：用桃肉制成的果脯，含蛋白质、脂肪、维生素、膳食纤维、胡萝卜素、矿物质等。桃子味酸甘，性温，常用于生津润肠、活血消积、益肤悦色等。

②苹婆：又称凤眼果，指梧桐科植物苹婆的果实，含蛋白质、膳食纤维、维生素、矿物质等，是粤菜中的常用食材。其味甘，性温，常用于止痢等。其种子亦可入药。

③林檎：又称花红、沙果，含蛋白质、脂肪、维生素、胡萝卜素、矿物质等，类似于苹果。其味酸甘，性温，常用于下气消痰、消渴止痢、止泻涩精等。

【今译】

桃脯调和胃气、可口。苹婆、林檎、杏脯、瓜脯的功效与它相同。

桔[1]粥

润肺。

【注释】

①桔：即桔子，又作橘子，含维生素、蛋白质、脂肪、糖、膳食纤维、矿物质、胡萝卜素、橙皮甙、柠檬酸等。其味甘酸，性温，常用于开胃理气、止咳润肺、止逆醒酒等。果皮、叶子均可入药。

【今译】

桔子滋润肺。

蜜佛手[①]粥

顺气。橙片[②]、桔饼[③]、香条[④]同。

【注释】

①蜜佛手：用佛手制成的蜜饯。参见本书『老老恒言·粥谱』之『佛手柑粥』。

②橙片：用带皮橙子制成的片状蜜饯。

③桔饼：用带皮的桔子制成的蜜饯。

④香条：各种瓜制成的条状蜜饯。

【今译】

蜜佛手使身体之气顺畅。橙片、桔饼、香条与它的功效相同。

梨[①]粥

降火，治热嗽。

【注释】

①梨：味甘酸，性寒，常用于生津润燥、清热化痰，止嗽凉心，除风解毒等。果皮、籽均可入药。

【今译】

梨使因热盛而上升的火气下降，治疗热嗽。

柿霜粥[1]

治口疮[2]，化痰，宜痔秘[3]人。

【注释】

①柿霜粥：参见本书『老老恒言·粥谱』之『柿饼粥』。

②口疮：中医病证名，即口腔溃疡。

③痔秘：痔疮、便秘。

【今译】

柿霜治疗口疮，化痰，对患痔疮并便秘的人有好处。

桑仁①粥

明目，养肾。

【注释】

①桑仁：即桑葚，含蛋白质、维生素、氨基酸、胡萝卜素、矿物质、糖类、鞣质等。其味甘酸、性寒，常用于补血滋阴、生津润燥、消渴祛热、补肝益肾等。

【今译】

桑仁明目，保养肾。

蒲萄①粥

驻颜，宜胃。

【注释】

①蒲萄：即葡萄，含葡萄糖、维生素、氨基酸、矿物质、黄酮类等。其味甘酸，性平，常用于补气血、益肝肾、强筋骨、止咳除烦、生津利水等。

【今译】

葡萄使容颜不衰老，对胃有好处。

山查①粥

化食，疗疝，磨肉积②。

【注释】

①山查：即山楂，又称红果，含蛋白质、脂肪、维生素、矿物质、胡萝卜素、黄酮类、三萜类等。

②磨肉积：消除肉积。肉积，中医病证名，指食肉过多而成积滞。

【今译】

山楂消食，治疗疝气，消除肉积。

樱桃[1]粥

调血，悦颜，止泄精。

【注释】

①樱桃：又称樱珠、莺桃等，含蛋白质、脂肪、糖、枸橼酸、酒石酸、胡萝卜素、维生素、矿物质等，尤其富含铁。其味甘酸，性热，常用于调中益脾、涩精止泻等。

【今译】

樱桃调和气血，使脸色愉悦，制止遗精。

青梅[1]粥

敛肺[2]止泄。乌梅[3]粥解暑收气。

【注释】

①青梅：又称酸梅，含蛋白质、脂肪、矿物质、有机酸等。其味酸，性平，常用于收敛生津、健胃消食等。

②敛肺：中医术语，指收涩肺气。

③乌梅：含有机酸、糖类、谷甾醇、维生素等，味酸、性平，常用于敛肺涩肠、生津安蛔等。

【今译】

青梅收涩肺气、制止漏泄。乌梅粥消解暑热、收敛气机。

白果①粥

温肺，益气，定喘嗽②，缩小便，止白浊、肠风③。即银杏。

【注释】

①白果：又称鸭脚子、灵眼、佛指柑等，系银杏科植物银杏的种仁，含淀粉、蛋白质、脂肪、糖类、维生素、胡萝卜素、矿物质、银杏酸、白果酚等。其味甘苦，性平，常用于敛肺气、定喘嗽、缩小便、止白浊等。

②喘嗽：中医病证名，指气喘咳嗽。

③肠风：中医病证名，便血的一种。《圣济总录·卷第一百四十三》：『论曰：肠风下血者，肠胃有风，气虚挟热。血得热则妄行，渗入肠间，故令下血。』

【今译】

白果温和肺，有益于身体之气，使气喘、咳嗽安定，收敛小便，制止白浊、肠风。它就是银杏。

龙眼①粥

安神。

【注释】

①龙眼：又称桂圆、益智，含全糖、葡萄糖、酒石酸、蛋白质、脂肪、维生素等，与荔枝相提并论。其味甘，性平，常用于安志厌食、除蛊毒、去三虫、开胃益脾、补虚长智等。

【今译】

龙眼使神志安稳。

胡桃粥①

润燥养血，生命门②火。

【注释】

①胡桃粥：参见本书『老老恒言·粥谱』之『胡桃粥』。

②命门：此处指肾。参见本书『老老恒言·粥谱』之『肉苁容粥』注释④。

【今译】

胡桃滋润燥气，使肾火生发。

木瓜粥①

治脚气，理肝风。

【注释】

①木瓜：含维生素、矿物质、蛋白质、脂肪、有机酸、单宁等，味酸，性温，常用于舒筋活络，和胃化湿等。

【今译】

木瓜治疗脚气，调理肝风。

橄榄粥①

清胃热，软坚②。

【注释】

①橄榄：又称青果、甘榄等，含蛋白质、脂肪、维生素、矿物质等，其中维生素C、钙的含量丰富。其味甘酸，性温，常用于开胃下气、解毒止泻、生津止渴等。

②坚：中医术语，指身体上坚硬的肿块。

【今译】

橄榄清除胃的热邪，使坚硬的肿块软化。

栎橿子粉[1]粥

止泄痢，御饥。槠子[2]、橡子[3]、榿子[4]略同。

【注释】

①栎橿(jiāng)子粉：即槲实粉。槲实，又称栎子，系壳斗科植物槲树的种子，含脂肪、蛋白质、矿物质、纤维素、淀粉、氨基酸等。其味苦涩，性平，常用于涩肠止痢等。槲树的叶、皮均可入药。

②槠(zhū)子：为壳斗科植物苦槠栲或青冈的种仁，含淀粉、卵磷脂、黄酮类、矿物质等。其味甘苦，性平，常用于涩肠止泻、生津止渴等。

③橡子：即栎浆果，系壳斗科植物橡树的种子，含淀粉、蛋白质、脂肪、维生素、单宁等，可用于制造纺织业、造纸业的浆剂。其味苦，性温，常用于下痢、浓肠胃、肥健人、涩肠止泻、止饥等。

④榿(qī)子：即桤子，系桦木科植物桤树的种子，含单宁、三萜类、庚二醇、烯醇等。其味苦涩，性凉，常用于清热凉血、止泻止痢等。

【今译】

栎橿子粉制止腹泻，抵御饥饿。槠子、橡子、榿子的功效与它大致相同。

甘蔗汁粥[1]

治咳嗽、口干、舌燥。

【注释】

①甘蔗汁粥：参见本书『老老恒言·粥谱』之『蔗浆粥』。

【今译】

甘蔗汁治疗咳嗽、口干、舌燥。

沙糖粥

白者和中缓肝①，赤者温中和血。

【注释】：

①缓肝：缓和肝急。肝急，中医病证名，指肝苦急，即各种病变导致气血集中于肝，使其急迫难缓。《黄帝内经·素问·藏气法时论篇第二十二》：『肝苦急，急食甘以缓之。』

【今译】

白色的沙糖和缓脾胃之气、缓和肝急，红色的沙糖温和脾胃之气、温和血。

腊八粥①

都人②于十二月八日③各以果料④作粥相馈。

【注释】：

①腊八粥：又称八宝粥，指在腊八节（十二月初八）用多种食材熬制的粥。古时，每逢腊八节，民间都流传吃腊八粥或腊八饭的风俗，并一直延续至今。南宋文学家周密所撰《武林旧事》：『八日，则寺院及人家用胡桃、松子、乳蕈、柿栗之类作粥，谓之腊八粥。』

②都人：京城的人。都，都城、京城。

③十二月八日：即十二月初八。

④果料：指各种干果及果脯。

【今译】

京城的人在十二月初八这一天，都用果料煮粥赠送给亲朋好友。

粥品五　植药类

松子仁粥①

润肺，滑大肠。

【注释】

①松子仁粥：参见本书『老老恒言·粥谱』之『松仁粥』。

【今译】

松子仁滋润肺，使大肠顺滑。

松花粉①粥

清心明目。

【注释】

①松花粉：马尾松、油松等松科植物的花粉，含蛋白质、氨基酸、糖类、脂类、维生素、黄酮类、矿物质等。其味甘，性温，常用于益气、润心肺、除风止血等。

【今译】

松花粉清除心包的热邪、明目。

柏子仁[1]粥

养心，悦脾，舒肝[2]。去油须净。

【注释】

①柏子仁：又名柏实、柏仁等，系为柏科植物侧柏的成熟种仁，含蛋白质、脂肪、维生素、矿物质、挥发油、皂甙等。其味甘，性平，常用于养心安神、润肠通便、滋阴养血等。

②舒肝：中医术语，即疏肝，指疏理肝气。

【今译】

柏子仁养心，使脾愉悦，疏理肝气。必须将柏子仁的油去除干净才能煮粥。

酸枣仁粥①

治烦，益胆气②，令人瞑③。

【注释】

①酸枣仁粥：参见本书『老老恒言·粥谱』之『酸枣仁粥』。

②胆气：指胆的功能活动。中医认为，胆气影响其它脏腑的功能。金元时医家李杲所撰《脾胃论》：『胆者，少阳春升之气，春气升则万化安。故胆气春升，则余脏从之。胆气不升，则餐泻肠澼不一而起矣。』

③瞑：闭眼，指睡觉。

【今译】

酸枣仁治疗烦热，对胆气有益，使人安睡。

郁李仁粥①

润肠，明目。合苡仁煮粥，治心腹肿满、二便不通、气息喘急②。

【注释】

①郁李仁粥：参见本书『老老恒言·粥谱』之『郁李仁粥』。

②气息喘急：中医病证名，各种呼吸困难病证的统称。

【今译】

郁李仁滋润肠子，明目。用它与薏苡仁一起煮粥，治疗心腹胀满、大便和小便不通畅、气息喘急。

枸杞子粥①

益肾气，健人。苗②粥清目清心。

【注释】

①枸杞子粥：参见本书『老老恒言·粥谱』之『枸杞子粥』。

②苗：指枸杞的嫩芽，味甘、性凉，常用于除烦益志、除风明目、止渴解毒、壮心气等。

【今译】

枸杞子有益于肾气，使人强健。用枸杞苗煮的粥明目、清除心包的热邪。

山萸肉①粥

温肝益气，秘精②。核泄精，须去净。

【注释】

①山萸肉：即山茱萸科植物山茱萸的果肉，含氨基酸、甙类、有机酸、糖类、单宁、维生素、矿物质等。其味酸，性平，常用于温中除热、去痹杀虫、强阴益精、通窍明目等，与吴茱萸是不同性味、不同功效、不同用途的中药材。关于吴茱萸，参见本书『老老恒言·粥谱』之『吴茱萸粥』。

②秘精：即涩精，指收涩精气。

【今译】

山茱萸肉温暖肝、有益于身体之气，收涩精气。山茱萸果实的核损伤精气，煮粥时必须去除干净。

茯苓[1]粥

清上实下。茯神粥安神健脾。俱去筋。

【注释】

①茯苓：多孔菌科真菌茯苓的干燥菌核，含蛋白质、脂肪、糖类、茯苓酸、三萜类、维生素、矿物质等。其味甘，性平，常用于止渴利水、安魂养神、和中益气、除热止泄、安胎等。茯苓的皮、带皮的茯苓、赤茯苓、白茯苓、茯神均可入药。茯神，茯苓菌核中夹有松根的部分，味甘、性平，常用于疗风眩风虚、止惊悸、开心益智、安魂魄等。关于白茯苓，参见本书『老老恒言·粥谱』之『白茯苓粥』。

【今译】

茯苓清除上焦的阳亢、充实下焦阴虚。用茯神煮的粥使神志安稳、健运脾气。用茯苓、茯神煮粥，都要去除其中的筋。

竹沥粥[1]

豁热痰[2]。

【注释】

①竹沥粥：参见本书『老老恒言·粥谱』之『竹沥粥』。

②热痰：中医病证名，指因热邪侵袭导致的痰饮。

【今译】

竹沥清除热邪侵袭导致的痰饮。

竹叶汤[1]粥

清热。加灯心[2]清心热。

【注释】

①竹叶汤：用竹叶熬制的汤液。参见本书『老老恒言·粥谱』之『淡竹叶粥』『竹叶粥』。

②灯心：指灯心草（又作灯芯草）的干燥茎髓，含酚类、木犀草甙、黄酮类、挥发油等。其味甘淡，性寒，常用于清心降火、利水通淋等。

【今译】

竹叶汤清除热邪。用竹叶汤煮粥时加灯心草，清除心热。

陈茗[1]粥

治食[2]。即老陈茶。

【注释】

①陈茗：即陈茶，指用上一年或更长时间采制、加工而成的茶叶。参见本书『老老恒言·粥谱』之『茗粥』。

②治食：消食。

【今译】

陈茗消食。它就是老陈茶。

刺栗子①粥

煎水煮粥，治淋、痢、崩带②诸症。即金樱子。

【注释】

①刺栗子：即刺栗子，又称金樱子、刺梨子、山石榴，系蔷薇科植物金樱子（细梗蔷薇）的果实，含糖类、有机酸、单宁、维生素等。其味甘酸，性平，常用于固精缩尿、涩肠止泻等。

②崩带：中医病证名，指排尿时或排尿后从尿道口滴出的浊物或血。

【今译】

用刺栗子熬汁煮粥，治疗淋证、痢疾、崩带诸种病症。它就是金樱子。

松柏粉①粥

採②带露真松、侧柏嫩叶，即日捣汁、澄粉，用半匙入粥。碧嫩可爱。

【注释】

①松柏粉：用松树的幼嫩枝条或针叶、侧柏的幼嫩枝叶磨成的粉。参见本书『老老恒言·粥谱』之『松叶粥』『柏叶粥』。

②採：同『采』。

【今译】

采摘带露水的松树、侧柏的嫩叶，当天就捣成汁液，制成淀粉，舀半匙加进粥里。这样做成的松柏粉粥呈嫩绿色，令人喜爱。

木槿花①粥

治头晕、肠风、血痢，令人瞑。

【注释】

①木槿花：锦葵科植物木槿的花，含蛋白质、脂肪、膳食纤维、维生素、氨基酸、矿物质、黄酮类、粘液质等。其味甘，性平，常用于利水除热、治风消肿、止血止痢等。

【今译】

木槿花治疗头晕、肠风、血痢，使人安睡。

梅花①粥

梅瓣洗净，入粥，即食。

【注释】

①梅花粥：参见本书『老老恒言·粥谱』之『梅花粥』。

【今译】

把梅花的花瓣洗干净，放进粥里，当时就吃。

桂花①粥

悦神。

【注释】

①桂花：木樨科植物木犀（也作木樨，即桂花树）的花，含氨基酸、维生素、矿物质、花青素等，可用于制作食品、化妆品。其味辛，性温，常用于散寒破结、化痰止咳等。

【今译】

桂花使神志愉悦。

木樨糖点①粥

开胃畅膈。

【注释】

①木樨糖点：即糖木樨，也称糖桂花，用干桂花与砂糖制成。

【今译】

糖桂花开胃，使胸膈通畅。

桂浆[1]粥

官桂[2]熬水煮粥，祛寒。加蜜和中。桂子[3]粥暖脏。

【注释】

①桂浆：用樟科植物肉桂皮的粉末与蜂蜜熬制的汁液。肉桂皮含蛋白质、脂肪、维生素、矿物质、挥发油、单宁、肉桂酸等，味辛、性热，常用于温中补虚、止烦止唾、去痹除风、坚筋骨、通血脉等。通常将肉桂皮称为肉桂。

②官桂：又称菌桂、筒桂、小桂，与肉桂是同一种药材，仅大小、厚薄不同。

③桂子：肉桂的果实。

【今译】

用官桂熬水煮粥，祛除寒邪。将蜂蜜加入粥里，和缓脾胃之气。用肉桂的果实煮粥温暖五脏。

椿芽[1]粥

畅气，去头风。

【注释】

①椿芽：即香椿头，指香椿树的嫩叶尖，含蛋白质、维生素、胡萝卜素、矿物质等，有『树上蔬菜』之美誉。其味苦，性温，常用于消风去毒、健胃止血、杀虫生发等。

【今译】

椿芽使气机通畅，去除头风。

榆荚①粥

食之多睡。即榆钱。面②同。《唐书》③：阳城④隐中条山，岁饥，屑榆为粥。

【注释】

①榆荚：即榆钱，系榆树的种子，含蛋白质、膳食纤维、维生素、矿物质等。其味辛，性平，常用于消食助肺、杀虫下气、健脾安神等。参见本书『老老恒言·粥谱』之『榆皮粥』。

②面：榆皮面，即用榆树皮磨成的面粉。

③《唐书》：即《旧唐书》，由五代时后晋官员刘昫(xù)等监修，共二百卷，记述了唐朝的兴衰。

④阳城：唐朝时人，曾苦读数年，隐居中条山（位于今山西南部），远近之人慕其名而从之学，后被举荐为官。

【今译】

食用榆荚多了导致睡觉多。它就是榆钱。榆皮面的功效与榆荚相同。《唐书》记载：阳城隐居中条山，有一年发生灾荒，他将榆树皮捣成碎末煮粥。

吴茱萸粥①

治心腹痛。七粒止。。

【注释】

①吴茱萸粥：参见本书『老老恒言·粥谱』之『吴茱萸粥』。

【今译】

吴茱萸治疗心腹的疼痛。用七粒吴茱萸煮粥就能止痛。

花椒粥①

辟瘴②，补命火③。不宜多入。

【注释】

①花椒粥：参见本书『老老恒言·粥谱』之『花椒粥』。

②辟瘴：防止瘴气。辟，同『避』。

③命火：命门之火。

【今译】

花椒防止瘴气，补充命门之火。放进粥里花椒的数量不应该多。

胡椒①粥

温中，止痛。研末。少用。

【注释】

①胡椒：指胡椒科植物胡椒的果实，含胡椒碱、挥发油、维生素、矿物质等。其味辛，性温，常用于温中去痰、除风下气、消食杀虫等。

【今译】

胡椒温和脾胃之气，止痛。将胡椒研磨成粉末煮粥。使用量要少。

粥品六　卉药类

黄耆[1]粥

补气虚。见东坡《立春》诗[2]。

【注释】

①黄耆：又称黄芪，系豆科植物黄芪的根，含黄芪多糖、黄芪皂甙、氨基酸、矿物质等。其味甘，性温，常用于益气固表、利水消肿、托疮生肌等，被誉为『补气诸药之最』。

②东坡《立春》诗：指北宋文学家苏轼的诗作《立春日病中邀安国仍请率禹功同来仆虽不能饮》，全文为：『孤灯照影夜漫漫，拈得花枝不忍看。白发欹簪羞彩胜，黄耆煮粥荐春盘。东方烹狗阳初动，南陌争牛卧作团。老子从来兴不浅，向隅谁有满堂欢。斋居卧病禁烟前，辜负名花已一年。此日使君不强喜，新春风物为谁妍。青衫公子家千里，白首先生杖百钱。曷不相将来问病，已教呼取散花天。』

【今译】

黄耆补充气虚损。它见于苏东坡的诗作《立春》。

蓡[1]粥

治反胃呕吐。用有纹党参[2]拍破，入粟米、薤白、鸡子白[3]煮粥。

【注释】

①蓡(shēn)：同『参』，此处指人参。人参，系五加科植物人参的根，含人参烯、皂甙、糖类、氨基酸、维生素等，有『百草之王』的美誉。其味甘，性寒，常用于补五脏、安精神、止惊悸、除邪气、通血脉、开心益智、轻身延年、调中止渴等。

②有纹党参：即纹党参，因具有狮子盘头菊花心、细密横纹而得名。党参，系桔梗科植物党参的根，与人参有别。党参味甘，性平，常用于补中益气、止渴、健脾益肺、养血生津等。

③鸡子白：即鸡蛋白。

【今译】

人参治疗反胃呕吐。将纹党参拍破，与粟米、薤白、鸡蛋白一起煮粥。

诸漫粥

条参[①]凉补，东参[②]温补，西参[③]清补[④]。

【注释】

①条参：菊科植物伞状绢毛菊的根，味甘苦、性温，常用于补气益血。

②东参：即辽东参，又称黄参，味甘、性温，常用于补气养血、滋阴壮阳等。

③西参：即西洋参，系五加科植物西洋参的根，味甘苦、性凉，常用于益肺清火、生津止渴、补血安神等。

④清补：指夏天的进补，即进食清淡平和的食料或药物，以达清热降暑的目的。

【今译】

条参是寒凉的补药，东参是温热的补药，西参是清热的补药。

沙蔓[1]粥

补脏阴[2]，疗肺热。荠苨粥[3]明目，解百毒，和中。切片入。即杏叶沙参。

【注释】

①沙蔓：即沙参，又名白参、羊乳等，系桔梗科植物沙参的根，含皂甙、甾醇类、蛋白质、脂肪、维生素、矿物质等。其味苦，性寒，常用于补中益气、补虚止烦、润肺化痰、益胃生津等。《本草纲目》转引南朝医家陶弘景之言：『弘景曰：此（沙参）与人参、玄参、丹参、苦参是为五参，其形不尽相类，而主疗颇同，故皆有参名。又有紫参，乃牡蒙也。』

②脏阴：中医术语。中医认为，五脏为阴、六腑为阳；五脏亦分阴阳，心、肺为阳，脾、肝、肾属阴。其中，心为阳中之阳，肺为阳中之阴，肝为阴中之阳，脾为阴中之至阴，肾为阴中之阴。脏阴虚乏，则会致病。

③荠苨（nǐ）：又名甜桔梗，系桔梗科沙参属植物荠苨的根，味甘、性寒，常用于和中明目、止痛解毒、消渴强中等。

【今译】

沙参补养脏阴，治疗肺热。荠苨粥明目，解除百毒，温和脾胃之气。将沙参切片放入粥里。它就是杏叶沙参。

地黄粥[1]

滋阴益水。古名苄[2]，性、义从之。加熟蜜食，利血生精。见《臞仙神隐》[3]。

【注释】

①地黄粥：参见本书『老老恒言·粥谱』之『地黄粥』。

②苄（hù）：《尔雅·释草》：『苄，地黄。』

③《臞仙神隐》：即《臞仙神隐书》。

【今译】

地黄滋养阴液、生津润燥。地黄古时叫苄，性质、意思一样。地黄粥加进熟的蜂蜜之后食用，通利血液、生发精气。它见于《臞仙神隐书》。

地黄花①粥

治腰脊风虚②作痛。

【注释】

①地黄花：味甘、性温，与地黄的功效相似，常用于止渴、填精、补虚等。

②风虚：中医术语，指肾虚导致冷风侵蚀身体。

【今译】

大地黄花治疗腰椎骨因为风虚造成的疼痛。

何首乌①粥

驻颜，益肾，宜子，治疮有效。

【注释】

①何首乌：又名交藤、夜合等，为蓼科植物何首乌的块根，含有大黄酚、大黄素、脂肪、淀粉、糖类、卵磷脂等。其味苦涩，性温，常用于消肿疗疮、治痔止痛、益血黑发、益精延年等。

【今译】

何首乌使容颜不衰老，对肾有利，有益于女性生育，治疗疮有效果。

黄精[1]粥

填精益脏。

【注释】

①黄精：指百合科植物黄精的根茎，含淀粉、多糖、脂肪、蛋白质、胡萝卜素、维生素、氨基酸等。其味甘，性平，常用于补气养阴、健脾润肺、填精益肾、除风湿、安五脏等。

【今译】

黄精填充精髓、对五脏有益。

萎蕤[1]粥

治肺虚少气，泽肌肤，疗眥[2]烂泪出，去风。即玉竹。

【注释】

①萎蕤：又称女萎、葳蕤、玉竹等，指百合科植物玉竹的根茎，含玉竹粘多糖、玉竹果聚糖、维生素、甾醇甙、膳食纤维等。其味甘，性平，常用于养阴润燥、除烦止渴、补中益气、润肤轻身等。

②眥(zì)：眼角。

【今译】

萎蕤治疗肺虚损、气不足，使肌肤有光泽，治疗眼角烂、流眼泪，除去风邪。它就是玉竹。

苁蓉①粥

治劳伤、羸黑②。煮烂，和羊肉煮粥，空心食。

【注释】

①苁蓉：即肉苁蓉。参见本书『老老恒言·粥谱』之『肉苁容粥』。

②羸黑：瘦而黑。

【今译】

肉苁蓉治疗劳伤、瘦而黑。将它煮烂，与羊肉一起煮粥，空腹食用。

天冬①粥

治热咳。

【注释】

①天冬：即天门冬，为百合科植物天门冬的块根，含淀粉、蔗糖、天门冬素、皂苷、氨基酸、维生素、低聚糖等。其味苦，性平，常用于滋阴润燥、清肺降火、益气利水、润五脏、轻身延年等。

【今译】

天门冬治疗热咳。

麦冬粥[1]

治心热，翻胃[2]，口渴[3]。

【注释】

①麦冬粥：参见本书『老老恒言·粥谱』之『麦门冬粥』。

②翻胃：即反胃。

③口渴：中医病证名，指因阴津亏损、脏腑热甚导致的口中干燥、喜饮水浆的病证。

【今译】

麦门冬治疗心热，反胃，口渴。

兔丝子[1]粥

补卫气。

【注释】

①兔丝子：即菟丝子，为旋花科植物菟丝子的成熟种子，含生物碱、蒽醌类、香豆素、黄酮类、多糖等。其味甘辛，性平，常用于补不足、益气力、润心肺、养肌强阴、消渴热中等。菟丝子是一种攀缘性的草本寄生性种子植物，可影响植物生长。

【今译】

菟丝子补养卫气。

乌苓[1]粥

益人。即兔丝根。白苓[2]、鸡肾子[3]补肾。以上并出川中。

【注释】

①乌苓：根据下文描述，乌苓是菟丝子的根。

②白苓：即白茯苓。参见本书『老老恒言·粥谱』之『白茯苓粥』。

③鸡肾子：即鸡肾草，又称腰子草、肾经草等，味甘、性温，常用于补肾壮阳等。

【今译】

乌苓对人的身体有益。它就是菟丝子的根。白苓、鸡肾子补肾。以上这些都出自于四川中部地区。

蒺藜[1]粥

轻身明目，肥健人。沙苑[2]出者良。研末入粥。

【注释】

①蒺藜：指蒺藜科植物蒺藜的果实，又称白蒺藜、刺蒺藜等，含皂甙、生物碱、多糖、氨基酸、黄酮类、维生素等。其味苦，性温，常用于补肾益精、明目轻身、止烦下气等。植物蒺藜的花、苗、子均可入药。还有一种常见的蒺藜为潼蒺藜，又称沙苑蒺藜、沙苑子，为豆科植物扁茎黄芪的种子，含蛋白质、酚类、单宁、甾醇、生物碱、维生素、矿物质等，味甘，性温，常用于补肝益肾、明目固精等。

②沙苑：古地名，指位于今陕西大荔南洛水与渭水间的沙草地。

【今译】

蒺藜使身体轻快、明目，令人肥硕健壮。沙苑产的蒺藜好。将蒺藜研磨成粉末加进粥里。

香五加[1]粥

通肾气，利筋骨。嫩叶入粥佳。

【注释】

①香五加：即香加皮，又称北五加皮、杠柳皮，系萝藦科植物杠柳的根皮，与五加皮有别。其含甾醇、甙类等，味苦辛，性温，常用于利水消肿、祛风湿、强筋骨等。可参见本书『老老恒言·粥谱』之『五加芽粥』。

【今译】

香五加使肾气通达，有利于筋骨。把香五加树的嫩叶加进粥里好。

竹节参[1]粥

补中，利筋骨。四季参[2]清补，漏卢参[3]清下。

【注释】

①竹节参：又名土参、甜七、竹节七等，为五加科植物竹节参的根茎，含甾醇、皂甙、三萜类等。其味甘苦，性温，常用于补虚强壮、止咳祛痰、散瘀止血、消肿止痛等。

②四季参：即西洋参。

③漏卢参：又名夹蒿、野兰，为菊科植物漏芦的根，含甾酮、皂甙、多糖、维生素等。其味苦咸，性寒，常用于清热解毒、消痈下乳、舒筋通脉等。

【今译】

竹节参补养脾胃之气，有利于筋骨。西洋参是清热的补药，漏芦参清除下焦的湿热。

佛掌参[1]粥

补肾益精。出西口[2]。即朱辽参。

【注释】

①佛掌参：又名手参、阴阳参等，为兰科植物手参的块茎，含有机酸、二苯乙烯类、菲类、酚类、甾醇、甙类等。其味甘，性平，常用于补肾益精、平喘止咳、理气和血等。

②西口：即杀虎口，位于今山西右玉县西北部。

【今译】

佛掌参补养肾、有益于精气。它产自于西口地区。它就是朱辽参。

粥品七　卉药类

菊花粥①

明目养肝。白②清肺，黄理气。

【注释】

①菊花粥：参见本书『老老恒言·粥谱』之『菊花粥』。

②白：指白色的菊花。

【今译】

菊花明目、保养肝。白色的菊花清除肺热，黄色的菊花疏理气机。

牡丹花①粥

活血养营②。

【注释】

①牡丹花：含蛋白质、脂肪、氨基酸、矿物质、黄酮类、精油等，味苦、性平，常用于清热凉血、活血化淤等。牡丹的根皮亦入药。

②营：即营气。

【今译】

牡丹花活血、保养营气。

芍药花[1]粥

白者行血中气[2]。

【注释】

①芍药花：含蛋白质、糖、维生素、萜类、酚类等，味苦酸、性凉，常用于养血柔肝、敛阴收汗、行瘀止痛、凉血消肿等。

②中气：脾胃之气。

【今译】

白色的芍药花使血、脾胃之气畅行。

萱草花①粥

解郁，明目，利膈，治黄胆。红花者，山丹，凉血。

【注释】

①萱草花：含蛋白质、脂肪、胡萝卜素、膳食纤维、维生素、矿物质等，味甘，性凉，常用于清热凉血、利水消肿、止血通乳等。萱草，又称黄花菜、金针菜等。

【今译】

萱草花解除郁结，明目，使胸膈顺气、消除胀满，治疗黄胆。开红花的萱草叫山丹，使血恢复正常运行。

荼蘼花①粥

清芬②醒脾。

【注释】

①荼蘼花：为蔷薇科植物荼蘼的花，含黄酮类、三萜类、挥发油、苷类、维生素等。荼蘼，又名酴醾、佛见笑、悬钩子蔷薇等，中医常用其果实、根、叶入药。

②清芬：清香。

【今译】

荼蘼花味道清香，醒脾。

木香花①粥

清芬醒脾。

【注释】

①木香花：为蔷薇科植物木香花的花，含挥发油、生物碱、醇类等。中医用木香花的叶及根入药，味涩、性平，常用于涩肠止泻、清热解毒等。

【今译】

木香花味道清香，醒脾。

藤萝花①粥

通滞和血。

【注释】

①藤萝花：又称紫藤花，为豆科植物紫藤的花，含挥发油、维生素等，是一些地区的风味食材。其味甘，性温，常用于解毒杀虫、镇痛止泻等。紫藤的种子、茎皮均可入药，但有小毒，应慎食。

【今译】

藤萝花开通阻滞，温和血。

兰花[1]粥

解心郁[2]，和心气。根清上理中，叶利水消肿。泽兰[3]散郁和血。

【注释】

①兰花：为兰科植物建兰、春兰、蕙兰、寒兰、多花兰、台兰的花，含蛋白质、脂肪、维生素、矿物质、挥发油等。其味辛，性平，常用于清热解毒、理气和中、利水止咳等。

②心郁：中医病证名，指心气郁结导致的病证。

③泽兰：又名地笋、虎兰等，为唇形科植物毛叶地瓜儿苗的茎叶，含挥发油、单宁、糖、黄酮类、酚类、氨基酸等。其味苦辛，性温，常用于祛瘀消痈、利水消肿、活血调经、通九窍、利关节等。

【今译】

兰花解除心郁，温和心气。兰花的根清除上焦的阳亢、调理脾胃之气，兰花的叶通利水道、消肿。泽兰驱散郁气、温和血。

蜜[1]粥

熟蜜[2]和中，生蜜润脏。

【注释】

①蜜：即蜂蜜，含果糖、葡萄糖、蛋白质、脂肪、维生素、氨基酸、矿物质等。其味甘，性平，常用于补中益气、养脾消食、解毒止痛、强志轻身、和百药等。

②熟蜜：即熟蜂蜜，指经过炼制的蜂蜜。

【今译】

熟蜂蜜温和脾胃之气，生蜂蜜滋润五脏。

天花粉粥①

祛热沁膈。

【注释】

①天花粉粥：参见本书『老老恒言·粥谱』之『天花粉粥』。

【今译】

天花粉祛除热邪，浸润胸膈。

贝母粥①

畅肺止咳。作粉良。

【注释】

①贝母粥：参见本书『老老恒言·粥谱』之『贝母粥』。

【今译】

贝母使肺畅快，制止咳嗽。贝母做成粉好。

半夏曲①粥

治嗽通痢。

【注释】

①半夏曲：为半夏研末、加面粉与姜汁等制成的曲剂，味苦辛、性平，常用于化痰止咳、消食止泻等。《本草纲目》：『或研末以姜汁、白矾汤和作饼，楮叶包置篮中，待生黄衣，日干用，谓之半夏曲。』半夏，为天南星科植物半夏的干燥块茎，含挥发油、脂肪、淀粉、生物碱、粘液质、氨基酸、茴香脑等，味辛、性平，常用于燥湿化痰、降逆止呕、消痞散结、开胃健脾等。

【今译】

半夏曲治疗咳嗽、制止痢疾。

茵陈①粥

逐水湿②，疗黄病③。

【注释】

①茵陈：又称牛至、白毫等，为菊科植物滨蒿或茵陈蒿的茎叶，含蛋白质、脂肪、维生素、挥发油等。其味苦，性平，常用于清热利湿、利胆退黄等。

②水湿：中医术语，指湿气，又称湿邪。

③黄病：中医病证名，指身体、面目皆变成黄色的病证。《太平圣惠方·黄病论》：『夫黄病者，一身尽疼发热，面色洞黄，七八日后壮热，口里有血，当下之，如猪肝状，其人小腹满急。若其人眼睛涩疼，鼻骨痛，两膊及项强，腰背急，即是患黄也。』

【今译】

茵陈去除湿邪，治疗黄病。

牛膝[1]粥

嫩苗叶茹[2]为粥，治血淋。

【注释】

①牛膝：又名牛磕膝，为苋科植物，因茎有节、似牛膝而得名。通常用牛膝的根入药，含皂甙、甾酮、生物碱、粘液质、氨基酸、多糖等，味苦酸，性平，常用于逐瘀通经、利尿通淋、补肝肾、强筋骨等。

②茹：植物的地下部分，即根或根茎。

【今译】

用牛膝的嫩苗、叶、根煮粥，治疗血淋。

芣苢[1]粥

治老人热淋[2]。即车前子。煮汁，取烹青秫米作粥食。

【注释】

①芣(fú)苢(yǐ)：即车前草，系车前科植物。根据下文表述，此处指其种子，即车前子。车前子含脂肪、甙类、多糖、胆碱、有机酸等，味甘、性寒，常用于清热祛痰、利尿通淋、除痹止泻、明目止烦等。

②热淋：中医病证名，指湿热聚结在下焦导致的病证。《诸病源候论·淋病诸侯》：『热淋者，三焦有热，气搏于肾，流入于胞而成淋也。』

【今译】

芣苢治疗老人的热淋。它就是车前子。用芣苢煮汁液，再拿炒好的青秫米一起煮粥食用。

决明子①粥

为末入粥，治久失明。叶瀹过作粥，明目。

【注释】

①决明子：为豆科植物决明或小决明的成熟种子，含糖类、蛋白质、脂肪、氨基酸、蒽醌类、萘并一吡喃酮类等。其味咸，性平，常用于清肝明目、润肠通便、益肾轻身等。

【今译】

将决明子研磨成粉末加进粥里，治疗长时间失明。决明的叶子煮后做粥，明目。

蓝汁①粥

治喘嗽，息有声②，唾粘。浸叶捣汁，和杏仁泥作粥。

【注释】

①蓝汁：指蓝实汁。蓝实，系蓼科植物蓼蓝的果实，含糖甙、甾醇、黄酮类、色氨酮、靛玉红、靛蓝等，味苦、性寒，常用于填骨髓、益心力、明耳目、利五脏、调六腑、通关节、解毒下气等。

②息有声：即打呼噜。

【今译】

蓝实汁治疗气喘、咳嗽，打呼噜，唾液粘稠。将蓼蓝的叶子浸泡，然后捣成汁液，与杏仁泥拌和做粥。

地肤①粥

苗炸过入粥，除风热。子研入粥，益精。

【注释】

①地肤：又称地葵、地麦、扫帚菜等，属藜科植物。地肤的茎叶含蛋白质、脂肪、胡萝卜素、维生素、矿物质等，味苦、性寒，常用于清热解毒、利尿通淋、益气通肠等。地肤的果实又称地肤子，含皂苷、甾类、蛋白质、脂肪、维生素、矿物质、生物碱、黄铜类等，味苦、性寒，常用于补中益精、清热利水、除热消肿等。

【今译】

地肤的苗炸过之后加进粥里，祛除风热。地肤子研磨成末之后加进粥里，有益于精气。

紫苏粥①

解寒热，利老人脚气。苏子粥下气、利膈、肥人。

【注释】

①紫苏粥：参见本书『老老恒言·粥谱』之『苏叶粥』『苏子粥』。

【今译】

紫苏解除寒热病，对老人的脚气有利。苏子粥下气、对胸膈有利、使人健壮。

芎䓖苗①粥

治血通气，辟恶除风。

【注释】

①芎（xiōng）䓖（qióng）苗：为伞形科植物川芎的茎叶，含挥发油、氮类、大黄酸、亚油酸等。其味辛，性温，常用于温中润肝、生津止渴、除风止痛、养血调脉、补五劳等。川芎，亦作川穹。通常用川芎的根茎入药。

【今译】

芎䓖苗治疗血，使气脉通达，祛除损害身体之气，祛除风湿。

荆芥①苗粥

醒脾，去胃风，辟恶除风。

【注释】

①荆芥：又称姜芥、假苏等，为唇形科植物荆芥的地上部分，含挥发油、薄荷酮、柠檬烯等。其味辛，性温，常用于祛风解表、透疹止血、消食下气等、除热消肿等。

【今译】

荆芥苗醒脾，消除胃的风邪，祛除损害身体之气，祛除风湿。

防风①粥

治风邪头疼。白乐天②在翰林③尝赐食，口香七日。

【注释】

①防风：又称茴草、屏风等，系伞形科植物防风的全草，含挥发油、前胡素、色原酮苷、升麻素、醇类等。其味甘，性温，常用于解表祛风、胜湿止痛、解痉止痒、补中益神等。

②白乐天：白居易，字乐天，故名。唐朝冯贽所编古小说集《云仙杂记》载：『白居易在翰林，赐防风粥一瓯。剔取防风，得五合余。食之，口香七日。』

③翰林：古代官名，指翰林学士，负责文章、公文、顾问等。亦指翰林院，古代官府机构名。白居易曾任翰林学士。

【今译】

防风治疗因风邪引起的头疼。白居易曾经在翰林院品尝皇帝赏赐的加入防风的食物，嘴里留香有七天。

紫菀①苗粥

治风寒咳嗽。

【注释】

①紫菀（wǎn）：又称青菀、紫茜等，为菊科植物，含萜类、肽类、黄酮类、有机酸等。其味苦，性温，常用于润肺下气、消痰止咳等。通常用其干燥的根及根茎入药。

【今译】

紫菀苗治疗由风寒引起的咳嗽。

葛根①粥

去烦渴。粉安胃解热。

【注释】

①葛根：为豆科植物野葛或甘葛藤（粉葛）的根，含淀粉、葛根素、木糖甙、大豆黄酮、谷甾醇、花生酸等。其味甘辛，性平，常用于解肌退热、透疹止痛、生津止渴、升阳止泻等。

【今译】

葛根消除烦渴。葛根粉使胃安稳、消除热邪。

大麻仁粥①

治秘，通淋。宜老人。研碎，水滤取汁，入粳米、椒、盐、豉。

【注释】

①大麻仁粥：参见本书『老老恒言·粥谱』之『大麻仁粥』。

【今译】

大麻仁治疗便秘，使小便通畅。它适合老人。将它研磨碎，用水过滤后取出汁液，加进粳米、辣椒、盐、豆豉，一起煮粥。

向日葵①粥

开胃通滞。

【注释】

①向日葵：此处未言明是向日葵的具体部分。其叶、根、茎髓、花及花盘、子均可入药，功效各有侧重，主要用于养肝补肾、清热利水、止咳平喘、止痢透疹、截疟止痛等。

【今译】

向日葵开胃、开通阻滞。

粥品八　动物类

燕窝粥①

清补。益肺益脾，益富贵家老人。

【注释】

①燕窝粥：参见本书『老老恒言·粥谱』之『燕窝粥』。

【今译】

燕窝是清热的补药。它对肺、脾有好处，适合富贵家的老人。

麋角霜①粥

治下元虚冷②。加盐花③少许。

【注释】

①麋角霜：指从干净的麋角上刮下的屑。麋角，为鹿科动物麋鹿雄性的骨化角，含胶质、核甘、多糖、碱基类、氨基酸、矿物质等，味甘、性热，常用于补虚劳、益气力、强筋骨、滋阴养血、填精补髓等。

②虚冷：中医病证名，指由阴虚或阳虚造成的寒冷病证。

③盐花：指细盐。

【今译】

麋角霜治疗下元虚冷。用它煮粥时，加少许细盐。

黄鸡①粥

补肝脾。见东坡诗②。

【注释】

①黄鸡：指黄色羽毛的母鸡，即黄雌鸡。其味甘、酸、咸，性平，常用于补精助阳、续绝伤、疗五劳、补五脏、益气力、暖小肠、止泄精等。

②东坡诗：指苏轼诗作《闻子由瘦（儋耳至难得肉食）》。原诗为：『五日一见花猪肉，十日一遇黄鸡粥。土人顿顿食薯芋，荐以薰鼠烧蝙蝠。旧闻蜜唧尝呕吐，稍近虾蟆缘习俗。十年京国厌肥羜，日日烝花压红玉。从来此腹负将军，今者固宜安脱粟。（俗谚云：大将军食饱扪腹而叹曰：我不负汝。左右曰：将军固不负此腹，此腹负将军，未尝出少智虑也。）人言天下无正味，蝍蛆未遽贤麋鹿。海康别驾复何为，帽宽带落惊童仆。相看会作两臞仙，还乡定可骑黄鹄。』

【今译】

黄鸡补养肝、脾。黄鸡粥见于苏东坡的诗作。

猪羊肾粥①

补肾虚。

【注释】

①猪羊肾粥：参见本书『老老恒言·粥谱』之『慈石粥』『猪髓粥』『羊肾粥』。

【今译】

猪肾、羊肾补养肾虚。

鹿肾粥①

清芬②醒脾。

【注释】

补肾虚，健阳。

【今译】

鹿肾补养肾虚，强健阳气。

羊肝粥①

补肝明目。

【注释】

①羊肝粥：参见本书『老老恒言·粥谱』之『羊肝粥』。

【今译】

羊肝补肝明目。

鸡肝①粥

补肝明目。

【注释】

①鸡肝：含蛋白质、脂肪、维生素、矿物质等，味甘、性温，常用于起阴补肾、安胎止痛、补肝明目等。

【今译】

鸡肝补肝明目。

鸭汁粥①

治水肿。煮汁用。

【注释】

①鸭汁粥：参见本书『老老恒言·粥谱』之『鸭汁粥』。

【今译】

鸭汁治疗水肿。用鸭子煮汁液，再用于煮粥。

鲤鱼粥①

治水肿。煮汁用。

【注释】

①鲤鱼粥：参见本书『老老恒言·粥谱』之『鲤鱼粥』。

【今译】

鲤鱼治疗水肿。用鲤鱼煮汁液，再用于煮粥。

牛乳粥[1]

大补虚羸。

【注释】

①牛乳粥：参见本书『老老恒言·粥谱』之『牛乳粥』。

【今译】

牛乳大补虚损。

酥[1]粥

润肺补虚。

【注释】

①酥：即酥油，指用牛乳、羊乳制成的食品。其味甘，性寒，常用于补五脏、益虚劳、利肠疗疮、除热止嗽、止渴泽肌等。

【今译】

奶酥滋润肺、补养虚损。

酪①粥

润肺补虚。

【注释】

①酪：即奶酪，指用牛乳、羊乳等制成的食品。其味甘酸，性温或寒，常用于除毒止渴、润燥利肠、疗疮止痛、生精血、补虚损、壮颜色等。

【今译】

奶酪滋润肺、补养虚损。

乳①粥

虚症②垂危、艰于饮食者和粥热饮。然非大人应食之物。

【注释】

①乳：指多种动物的乳汁。根据《本草纲目》，猪、牛、羊、马、犬、驴、驼之乳均可入药。

②虚症：即虚损。

【今译】

患虚症生命垂危、饮食困难的人，用动物的乳汁与粥拌和，趁热饮用。但是，它不是成人应该食用的东西。